儿童注意力障碍100问

刘翔平 编著

中国轻工业出版社

图书在版编目(CIP)数据

儿童注意力障碍100问/刘翔平编著. —北京：中国轻工业出版社，2019.4（2023.8重印）
ISBN 978-7-5184-2160-2

Ⅰ.①儿… Ⅱ.①刘… Ⅲ.①儿童-注意缺陷-问题解答 Ⅳ.①B842.3-44

中国版本图书馆CIP数据核字（2018）第249997号

保留所有权利。非经中国轻工业出版社"万千心理"书面授权，任何人不得以任何方式（包括但不限于电子、机械、手工或其他尚未被发明或应用的技术手段）复印、拍照、扫描、录音、朗读、存储、发表本书中任何部分或本书全部内容，以及其他附带的所有资料（包括但不限于光盘、音频、视频等）。中国轻工业出版社"万千心理"未授权任何机构提供源自本书内容的电子文件阅览、收听或下载服务。如有此类非法行为，查实必究。

责任编辑：戴　婕
策划编辑：戴　婕　　　　责任终审：杜文勇
责任校对：刘志颖　　　　责任监印：吴维斌

出版发行：中国轻工业出版社（北京东长安街6号，邮编：100740）
印　　刷：三河市鑫金马印装有限公司
经　　销：各地新华书店
版　　次：2023年8月第1版第5次印刷
开　　本：710×1000　1/16　印张：14.75
字　　数：101千字
书　　号：ISBN 978-7-5184-2160-2　定价：48.00元
读者热线：010-65181109，65262933
发行电话：010-85119832　传真：010-85113293
网　　址：http://www.chlip.com.cn　http://www.wqedu.com
电子信箱：1012305542@qq.com
如发现图书残缺请拨打读者热线联系调换
180601Y2X101ZBW

序 言

假如刹车失灵

假如一辆车刹车失灵,驾驶员将如何开车?汽车会是怎样的?驾驶员一定会横冲直撞、我行我素,汽车一定会歪歪扭扭、失去方向。刹车失灵这个比喻,很能形象地说明注意缺陷/多动障碍(Attention Deficit Hyperactivity Disorder,简称ADHD)儿童的行为特点。他们的自我控制机制失灵,完成学习任务时不知有下一步,不知下一步要做什么。这并不是说他们缺少做事情的意识和知识,而是指他们在不知不觉中就会丧失学习的执行能力,他们会在不经意中被现实的各种有吸引力的刺激所分心。这种自我控制能力的缺陷使他们将最重要的学习任务丢在一边,而做一些无关紧要的事情。一位母亲对我说:"我的孩子很少独立完成作业,只有你盯着他才写;即便是你坐在他面前,如果一不小心没盯住,他就又停笔了。如果你不在他面前督促,他一个字都不写,就是坐在那儿发呆。打骂和奖励的方法都用过了,可就是不管用。这孩子不笨,做自己喜欢的事情也很主动,可就是写作业这件事很困难。我真是无计可施了。"这一现象可以叫作控制的瘫痪,因为孩子连最起码的自我控制的企图都没有了。

儿童注意力障碍 100 问

有人认为，这不是什么注意缺陷/多动障碍，而是缺少学习意志。当代心理学中，意志这个概念已经被自我效能感所取代。依据自我效能感理论，一个不爱学习的人并不缺少克服困难的意志，面对困难时的态度取决于人们过去的经验。如果面对一个枯燥的学习任务，你过去的经验告诉你，这不过是 20 道应用题，10 道计算题，过去你几乎不用 30 分钟就能把这些任务全部完成。你就会跃跃欲试，立即着手完成这些作业。而如果是有人找你下棋，你可能本能地认为，没意思，不好玩，还是换一个游戏吧。这是由于你过去经常输给别人，甚至连比你小几岁的人都能赢你，你听到这个邀请就会不自觉地反感。是你的有关某一活动的能力感、胜任感，或者叫作自我效能感，决定了你的动机和意愿。从这个意义上说，意志或者是自我效能感，导致了一个人学习时的情感状态。

注意力障碍的儿童由于大脑中枢神经系统的功能落后，无法抑制自己的分心反应，不能让自己的大脑在面对枯燥的学业时兴奋和活跃起来，这造成了他们学习成绩落后而使其自我效能感降低。他们在学习任务前的挫折已经与注意力困难紧密地结合在一起了。所以，你看到的是一个对学习绝望的、满不在乎的人。

在一个崇尚学习的现代社会，注意缺陷/多动障碍几乎可以说是学习的头号杀手。从斯蒂尔报告的第一例多动症孩子费尔开始，人类对注意力的认识不过百余年，而真正引起人们普遍关注这一问题的时间才刚刚 20 年。目前，由于人类对引发注意缺陷/多动障碍的脑功能缺陷的认识和了解只是皮毛，所以对于此障碍的矫正也只是处于初级阶段。

科学进展的缓慢与注意力障碍的严重性形成了巨大反差。越来越多的儿童被诊断为注意缺陷/多动障碍。据统计，大约有 5% 的中小学生具有这一障碍。也就是说每个班大概有 2～3 个行为冲动、不可遏制的多动和注意力集中困难的学生。

在我国，许多家长已经开始了解注意缺陷/多动障碍这个概念，尤其知道多动症这一概念。但家长仍然需要更多的知识和指导，由于这个障碍的复杂性，家长在认识问题时容易出现偏差。

第一是将注意力障碍神秘化和夸大化。一些家长道听途说有关多动症的知识，轻易地将自己的孩子诊断为多动症，并错误地认为，只要注意力集中了，什么学习困难都可以解决。事实上，课堂上不注意听讲、作业不认真完成的原因有许多种，其中大多数这类孩子不能叫多动症。他们有时因为听不懂老师的讲课内容，具有智力或学习能力上的困难，有时因为不喜欢任课老师而不认真听课，还有的学生因为智力超常、觉得课业过于简单而不听讲，还有人是因为老师讲课方法单调、表述不清楚而不听讲。只有在任何课上，或课上课下都存在着注意力时间短、冲动和多动的障碍才能被诊断为注意缺陷／多动障碍。本书所讲的注意缺陷／多动障碍在科学的意义上指的正是这些少数人，而不是泛指在课堂上不认真听讲的人或搞小动作的儿童。

第二是不承认存在着注意力障碍。还有家长不承认这种疾病。他们认为，没有什么注意力障碍，只有意志品质差，没有养成好习惯。家长觉得自我控制能力是人人具有的，如果一个人真的没有自我控制能力，打他两下也不会管用。可事实上，挨打后，孩子的学习就会有所好转。这是一种错误的看法。美国著名的研究注意力障碍的专家巴克利指出，如果一个孩子是盲人，人们一般不会责备他看不见东西，如果一个人耳聋，人们一般不会责备他听不见声音。但是，如果一个人因为中枢神经系统的缺陷而不能集中注意力听讲或学习，人们一般不会宽容他。因为人们倾向于认为所有的行为都是能控制的，一个人必须对自己的行为负责任。对于注意力障碍，人们凭借经验难以理解它，所以，我们说一个人控制不了自己，无能力对自己的行为负责任，许多人都不相信。但是，医学研究证明，确实存在着注意缺陷／多动障碍。有人做事缺少计划性、缺少时间感和紧迫感，易分心，都是神经功能落后的结果。

第三是有病乱投医。目前医学界对于注意缺陷／多动障碍的研究还不成熟，没有一种方法能够完全治愈这个障碍。但是，家长盲目相信广告。一个家长跟我说,两年来他给孩子花了2万多元吃所谓的中药,根本没有什么效果,孩子的注意力困难越来越严重了。其实,家长应当依靠自己的努力,从改变自我入手,从了解注意力障碍入手。心理学、教育学已经积累了一些矫正注意力不集中的经验和方法,这些方法并不难掌握。

本书旨在帮助家长认识、了解和矫正孩子的注意力不集中的行为,从注意力障碍的原因、诊断、家长的态度、不同年龄阶段的注意力障碍、行为矫正和认知矫正等各个角度来介绍注意力障碍的知识,帮助有这类问题的家长成为一个有效的家长。

孩子注意力障碍是一个十分复杂的问题,各种矫正方法都可以尝试。我本人主张要淡化注意力障碍的症状,而把主要精力放在帮助儿童有效地学习、提高学习成绩上。家长要重视孩子健康人格和积极的心态的培养,让孩子学习社会技能、管理人际关系和学会推迟需要的满足,从长远的角度说,这些措施比直接减少孩子的多动和分心的方法更加有效。

本书的写作除了借鉴中外各种资料和研究成果之外,也来自我们的咨询实践,在近十年为中小学生进行心理测评与咨询的服务中,我们观察了成百上千例各种各样的、注意力不集中的孩子的行为表现,我们也尝试用各种心理学、教育学的技术和手段帮助这类困难孩子。目前,我们正在编制有关的训练软件,从视听整合方面、听指令方面来着手解决孩子注意力不集中的问题。

在实践中,我们也深深地感受到注意力障碍儿童的家长为此付出的努力和代价,并感觉到了研究的责任。借此书的传播,我们希望为我国的广大家长和教育工作者了解注意力障碍的原因和教育对策,尽一点微薄之力。

刘翔平

2018年初秋于北京

目 录

第一部分　知识篇　// 1

1. 谁是注意缺陷/多动障碍儿童？　// 3
2. 注意缺陷/多动障碍就是多动症吗？　// 5
3. 注意缺陷/多动障碍分几种亚类型？　// 6
4. 注意缺陷/多动障碍是虚构的神话吗？　// 8
5. 注意缺陷/多动障碍影响孩子的一生吗？　// 10
6. 注意缺陷/多动障碍的六大行为表现是什么？　// 11
7. 注意缺陷/多动障碍儿童与顽皮儿童有哪些不同？　// 16
8. 如何区分注意缺陷/多动障碍儿童与品行障碍儿童？　// 18
9. 注意缺陷/多动障碍与学习障碍有不同吗？　// 20
10. 为什么我的孩子玩游戏时可以长时间集中注意力，但学习时就不行？　// 22
11. 注意缺陷/多动障碍与自控能力的关系是什么？　// 24
12. 注意缺陷/多动障碍是一种大脑疾病吗？　// 28

13. 注意缺陷/多动障碍的病因是什么？ // 29

14. 注意缺陷/多动障碍儿童是否有特殊的大脑结构？ // 31

15. 母亲孕期出现异常可能会导致孩子注意缺陷/多动障碍吗？ // 34

16. 注意缺陷/多动障碍的患病率是多少？ // 36

17. 注意缺陷/多动障碍有性别差异吗？ // 37

18. 注意缺陷/多动障碍可以遗传吗？ // 38

19. 注意缺陷/多动障碍可以不治而愈吗？ // 40

20. 家长如何判断孩子是否患有注意缺陷/多动障碍？ // 42

21. 家长在带孩子问诊前应该做哪些准备？ // 47

22. 专业诊断是怎样进行的？ // 51

第二部分　发展篇 // 57

23. 婴幼儿会有注意缺陷/多动障碍吗？ // 59

24. 注意力障碍与微量元素铅有关系吗？ // 60

25. 父母吸烟、饮酒与孩子注意缺陷/多动障碍有关吗？ // 61

26. 家长如何培养婴儿的注意力？ // 62

27. 婴儿注意力培养的游戏有哪些？ // 63

28. 培养幼儿注意力所遵循的原则有哪些？ // 64

29. 培养幼儿注意力的小游戏有哪些？ // 65

30. 家长如何通过讲故事培养幼儿的注意力？ // 66

31. 如何培养幼儿良好的行为习惯？ // 67

32. 儿童的注意力问题青春期后会自动消失吗？ // 68

33. 家长应该如何教育青春期的注意缺陷/多动障碍孩子？ // 69

34. 父母应如何帮助注意缺陷/多动障碍孩子建立良好的行为习惯？ // 70

35. 什么是正面的和负面的沟通方式？ // 71

第三部分 行为认知篇 // 73

36. 你了解孩子们的听知觉能力吗？ // 75
37. 听知觉落后主要表现在哪几个方面？ // 77
38. 如何提高儿童的听觉辨别能力？ // 78
39. 如何提高儿童的听觉记忆能力？ // 79
40. 如何提高儿童的听觉编序能力？ // 80
41. 如何提高儿童的听觉理解能力？ // 81
42. 如何训练注意缺陷/多动障碍儿童的听觉—动作统合能力？ // 82
43. 你了解视知觉学习能力的落后吗？ // 83
44. 视知觉能力主要包括哪几个方面？ // 84
45. 如何通过训练来提高儿童的视知觉能力？ // 85
46. 提高阅读能力对于克服注意缺陷有帮助吗？ // 86
47. 注意缺陷/多动障碍儿童进行数学学习时常表现出来的困难有哪些？ // 88
48. 家长如何帮助数学学习困难的注意缺陷/多动障碍儿童？ // 89
49. 如何培养注意缺陷/多动障碍儿童的空间方位感？ // 91
50. 如何提升注意缺陷/多动障碍儿童的平衡能力？ // 92
51. 如何培养注意缺陷/多动障碍儿童的时间感？ // 93
52. 如何培养注意缺陷/多动障碍儿童的坐姿？ // 94
53. 如何培养注意缺陷/多动障碍儿童手眼协调的能力？ // 95
54. 你知道什么是行为矫正法吗？ // 96
55. 如何为注意缺陷/多动障碍儿童制订奖励计划？ // 98
56. 如何对注意缺陷/多动障碍儿童实行惩罚？ // 100
57. 父母应如何帮助注意缺陷/多动障碍儿童建立良好的行为习惯？ // 102
58. 家长如何对注意缺陷/多动障碍孩子进行表扬？ // 104

59. 家长应当如何对注意缺陷/多动障碍孩子进行批评？　// 106

60. 家长如何对孩子实施有效的行为管理？　// 108

61. 家长如何运用行为矫正八步法？　// 112

62. 父母如何根据注意缺陷/多动障碍儿童的特点有效督促孩子学习？　// 124

63. 注意缺陷/多动障碍孩子不听大人的话该怎么办？　// 126

64. 家长如何提高自身的家庭教育能力？　// 127

65. 注意缺陷/多动障碍的孩子该如何从自身做起、管理好自己？　// 129

第四部分　情绪与社会技能篇　// 131

66. 注意缺陷/多动障碍儿童会产生哪些不合理的信念？　// 133

67. 注意缺陷/多动障碍儿童常见的情绪问题有哪些？　// 136

68. 家长应该如何帮助注意缺陷/多动障碍儿童调控自己的情绪？　// 138

69. 如何教注意缺陷/多动障碍儿童控制愤怒情绪　// 141

70. 家长如何帮助注意缺陷/多动障碍儿童进行情绪自我监控训练？　// 144

71. 为什么注意缺陷/多动障碍儿童的人际关系较差，缺少知心朋友？　// 147

72. 如何通过社会技能训练改善注意缺陷/多动障碍孩子的人际关系？　// 149

73. 家长如何提高注意缺陷/多动障碍儿童的社会交往技能？　// 151

74. 家长怎样帮助注意缺陷/多动障碍儿童将学习到的社会交往技能迁移到学校和家庭中？　// 154

75. 如何帮助注意缺陷/多动障碍孩子改善伙伴关系？　// 157

76. 家长如何帮助注意缺陷/多动障碍孩子提高自控能力？　// 160

77. 如何在家庭中帮助注意缺陷/多动障碍儿童建立积极的伙伴交往？　// 165

78. 如何培养孩子的合作能力？ // 167

79. 如何培养孩子的移情能力？ // 169

80. 如何帮助注意缺陷/多动障碍儿童赢得别人的喜爱？ // 172

81. 如何通过社团活动提高注意缺陷/多动障碍孩子的社交技能？ // 174

82. 如何帮助注意缺陷/多动障碍儿童应对小伙伴的取笑？ // 176

83. 家长如何从学校获得帮助来改善注意缺陷/多动障碍孩子的状况？ // 178

第五部分　家长与家庭环境篇 // 183

84. 家长应该如何改变对注意缺陷/多动障碍儿童的态度？ // 185

85. 在面对情绪困扰时，家长如何控制消极情绪？ // 187

86. 面对管教压力问题时，家长应该如何做？ // 188

87. 什么是亲子关系的恶性循环？ // 189

88. 亲子关系主要分为哪几种类型？ // 191

89. 家长如何与孩子建立良好的亲子关系？ // 192

90. 母亲角色对注意缺陷/多动障碍儿童成长的影响有哪些？ // 193

91. 父亲角色对注意缺陷/多动障碍儿童成长的影响有哪些？ // 194

92. 接纳对注意缺陷/多动障碍儿童管教的重要意义是什么？ // 195

93. 注意缺陷/多动障碍儿童能够像常人一样取得成功吗？ // 197

94. 家庭环境对于改变注意缺陷/多动障碍儿童的状况有哪些重要作用？ // 198

95. 注意缺陷/多动障碍儿童需要什么样的家庭物理环境？ // 199

96. 影响注意缺陷/多动障碍儿童注意力的家庭类型是什么？ // 201

97. 如何塑造促进注意缺陷/多动障碍儿童注意力的学习型家庭？ // 202

98. 如何通过学习方式提高注意缺陷/多动障碍儿童的学习成绩？ // 204

99. 如何通过学习游戏化改进注意缺陷/多动障碍儿童的注意力？　// 206

100. 家长如何为注意缺陷/多动障碍儿童选择一个适合的学校环境？　// 207

101. 注意缺陷/多动障碍儿童是否更容易网络成瘾？　// 209

102. 如何预防注意缺陷/多动障碍儿童网络成瘾问题的产生？　// 210

103. 如何矫正注意缺陷/多动障碍儿童网络成瘾问题？　// 211

104. 药物可能有效治疗注意缺陷/多动障碍吗？　// 212

105. 药物治疗注意缺陷/多动障碍的原理是什么？　// 213

106. 药物治疗对有些儿童效果不理想是什么原因？　// 214

107. 药物治疗能起到哪些积极作用？　// 216

108. 药物治疗的副作用有哪些？　// 218

109. 如何判断注意缺陷/多动障碍儿童是否需要服药？　// 221

第一部分

知识篇

1. 谁是注意缺陷/多动障碍儿童？

贝贝是个 10 岁男孩，上四年级。据他父母说，从 5 岁开始，贝贝就表现出严重的注意力问题，感觉他经常在做白日梦。无论是在家里还是学校，在那些需要注意力集中的任务上，贝贝经常不能完全投入。据他的老师反映，贝贝经常会忘记任务要求，特别是当这些任务需要分步骤完成时更是如此。写作业时，父母在旁边不断督促，但贝贝还是效率很低，有时写一个字就要花 5 分钟时间，甚至字只写了一半，就开始走神。这严重影响了他的学习成绩。父母和老师都认为，贝贝的智商其实并不低，在注意力集中的情况下，他能做得和其他儿童一样好。

小明是个小学三年级男孩，平时学习成绩不错。但最令家长和老师头疼的是，小明在学校里很难参加集体活动，经常会和同学发生冲突。平时在玩游戏的过程中，不管别人是否欢迎他，他就突然闯入，还经常把他人传递的信息理解为具有攻击性的，与同学的摩擦不断，时间久了，班里的同学都不喜欢他。在上课时，他也坐不住，腿和脚老在桌子底下乱动，身体像装了马达一样，一刻也停不下来，而且经常没等老师说完话就插嘴。小明的父母平时对他要求很严格，试过很多办法管教孩子，但是效果都不尽如人意。小明自己也很苦恼，他也想让自己能够安静下来，认真听课，与同学和平相处，但他觉得老是控制不住自己。

像小明和贝贝这样的孩子临床上就被诊断为注意缺陷/多动障碍

（Attention Deficit Hyperactivity Disorder，简称 ADHD）。这是一组以注意缺陷、多动、冲动、唤醒不足、角色管理失控为主要表现特征的行为——情绪综合症候群，是儿童期常见的心理障碍之一。ADHD 症状通常发病于儿童早期，一般是 7 岁以前，并且该症状随着以后的发展一直持续。

2. 注意缺陷/多动障碍就是多动症吗？

注意缺陷/多动障碍有三个核心症状，即：注意缺陷、冲动、多动为核心的障碍。现在有些人也把这种障碍称作注意力障碍（Attention Deficit Disorder，ADD），而在注意缺陷/多动障碍研究的早期，曾叫作多动症，直到今天，人们提起注意缺陷/多动障碍就想起多动症。其实无论是多动症还是注意力障碍都不能概括注意缺陷/多动障碍的全部。因为有些注意力有问题的孩子并没有明显的多动行为，而有些孩子不但有注意缺陷，还同时伴有多动冲动等症状。如果要对这三个概念仔细进行研究，我们就会发现，多动症这个概念仅仅概括了注意缺陷/多动障碍的一种类型，即多动冲动为主型。而注意力障碍（ADD），这个概念表示的是注意缺陷为主型，称作注意力障碍，是注意缺陷/多动障碍的一个亚类型。由此可见，注意力障碍和多动症都只不过是注意缺陷/多动障碍这个大概念下的子概念，二者是包含与被包含的关系。

3. 注意缺陷/多动障碍分几种亚类型？

注意缺陷/多动障碍可分为三种亚类型，它们是：注意缺陷/为主型、多动冲动为主型和混合型。

（1）注意缺陷为主型

贝贝就是这种类型的典型。这种类型的儿童并没有明显的多动和冲动行为，他们上课从不捣乱，从不违反纪律，但是他们仍然不能够集中注意力听课、做作业，因为他们总是控制不住做白日梦，胡思乱想。所以家长和老师总是反映"他好像从来没有听我说话"、"他做事情的时候总是走神"，所以这类儿童最主要的问题就是：注意缺陷。

（2）多动冲动为主型

这类注意力障碍儿童在ADHD中所占的比例相对较小。小明就是这种类型的典型。与前一类型的不同是，这类儿童仿佛精力十分旺盛，总是不分场合不停地动，做事缺乏耐心，不能够等待与忍耐，而且常常伴有情绪上的不稳定，容易发脾气。这类儿童经常在课堂中做小动作、捣乱，打扰周围的同学，经常不经允许就脱口回答问题，不能在团体游戏中遵守规则，因此他们的同伴关系可能会很差，还极容易被不了解ADHD的老师看作是品行障碍、缺乏教养。

（3）混合型

顾名思义，这类儿童同时具有多动冲动和注意缺陷两种症状，二者在他

3. 注意缺陷/多动障碍分几种亚类型？

们身上是兼而有之的。他们可能有时看起来非常安静，有时又会显得特别兴奋，总是动个不停。他们在某些特殊的场合可能并不显得十分多动和冲动。比如，有位母亲带着他的儿子前来咨询，一开始，那个孩子可能有点认生，呆呆地坐在那里一言不发，问问题时要问好几遍他才能够听清楚，而他的母亲也说他没有听力和智力上的问题。二十几分钟过后，他开始变得兴奋，并一发不可收拾，他开始在咨询室里来回走动，不断地去拨弄花的叶子或翻动书架里的书，甚至还把窗帘拽下来。他的母亲说他在家经常这样，做作业的时候要么不停地乱动，无法坚持，要么安安静静却不见他动笔。

儿童注意力障碍 100 问

4. 注意缺陷/多动障碍是虚构的神话吗？

  对很多人而言，认识注意缺陷/多动障碍比认识视觉障碍、听觉障碍甚至智力障碍都困难得多。因为注意力对人而言仿佛是一个飘忽不定的概念，看不见，摸不着，更无法看到注意力背后的那些脑神经机制。人们只知道一个人做事情需要注意力集中，可注意力集中难道不是靠意志力的吗？难道注意力也会出现"障碍"吗？

  人们对此颇为怀疑，甚至有人认为这只是医生的危言耸听而已。孩子在小的时候可不就是不专心、好动和冲动的吗？于是，一般人对待注意缺陷/多动障碍的儿童的反应表现为：一开始，大人会忽视他们的多动、冲动和干扰行为，认为这只是儿童发展中的正常现象。如果次数多了，或者孩子稍大一些仍然没有好转，家长就会开始严加管教。当"孺子不可教"时，家长就会认为这个孩子太过任性、不听话，或者被溺爱惯了，缺乏意志力，或者干脆认为这个孩子故意和家长对着干。而周围的人则一概会认为这个孩子缺乏应有的家教，甚至道德品质有问题，应该多一些管教、纪律和限制，甚至是必要的惩罚。而他们的父母则被认为是纵容孩子的"罪魁祸首"。可是等家长真的多了一些管教、纪律、限制，甚至惩罚，却仍然无济于事的时候，他们开始相信孩子也许是真的有点问题，才会去寻求专业人士的帮助。

  其实，注意缺陷/多动障碍在学术研究上也经历了和普通人对它的认识一样的过程。早在 1845 年，德国法兰克福的神经科医师霍夫曼（Heinrich

4. 注意缺陷/多动障碍是虚构的神话吗?

Hoffmann)就曾表述坐立不安的菲利普和汉斯的个案,让人了解这类儿童及其家长所遭遇的问题。这类儿童经常匆匆忙忙、马马虎虎、错误百出、处理不好事情。他们往往在行为上缺乏计划、考虑不周,没有事先想好就行动,因此常常感觉动作太快,并简化解答问题的过程(如在课堂中插话,不按照解题步骤进行,无法等待,不注意听讲)。他们很难专注地完成一件事,总是对新事物感到好奇并且快速转移目标,无法持续地掌握行动的目的。他们如同上了发条,随时随地都会行动,他们无法安静地坐一段时间,也经常因躁动而导致内在冲突。英国医生斯蒂尔(George Still)于1902年首先把多动描述为一种障碍,他认为这些儿童的行为是由于意志缺乏和道德控制缺乏导致的。在随后的六七十年间,该障碍的名称历经了多次变更,包括轻微脑损伤、轻微脑功能异常、多动症等。后来人们的研究焦点慢慢从活动的程度转到注意力的本质以及不同的亚类型的时候,这种症状才正式命名为注意缺陷/多动障碍(Attention Deficit Hyperactivity Disorder,简称ADHD)。

5. 注意缺陷/多动障碍影响孩子的一生吗?

尽管随着年龄的增长，ADHD 儿童的多动水平会下降，但有 30%～80% 的 ADHD 儿童部分症状会持续到青少年阶段。而且 ADHD 儿童在青少年阶段，交通事故发生率、物质滥用、反社会行为、行为障碍均高于正常儿童，学业成绩较差，并且 ADHD 儿童常常伴有其他儿童青少年时期的神经精神障碍，即共病症，如对立违抗障碍（oppositional defiant disorder，简称 ODD）、品行障碍（conduct disorder，简称 CD）、学习障碍（learning disabilities，简称 LD）、情绪障碍（emotional disorders）等。反抗和逆反在 ADHD 中尤为普遍，有 56%～67% 的 ADHD 儿童伴随有对立违抗障碍。而且 ADHD 成人的反社会人格、反社会行为、违反交通法规的发生率均明显高于正常对照群体，他们的社会经济地位较低，社交能力低下，受教育程度和工作能力低，工作更换频率高等问题也很突出，无论给个人、家庭还是社会都造成了很大的负担。这可能与 ADHD 儿童的家长和老师在面对孩子最初的行为和情绪问题时所表现的负性情绪（愤怒、厌恶、排斥、忽视等）和负性介入（斥责、过度干预、缺乏信任、缺乏关爱）有关。因为长期的这种负性评价可影响儿童自我意识的形成，表现为自尊和自我评价低下，而当父母或老师的这种负性干预超过儿童的耐受力时，就可导致儿童的违拗、反抗或者攻击性行为，从而发展为对立违抗障碍或品行障碍。

6. 注意缺陷／多动障碍的六大行为表现是什么？

注意缺陷／多动障碍的六大行为表现是：

（1）被动注意落后

人的注意力可以分为主动注意和被动注意，主动注意是有意图地将注意力集中在解决问题方面，需要克服干扰，付出心理努力；被动注意是与学习任务无关的刺激引起的自发反应，如将注意本能地转向外面的声音。注意力有缺陷的儿童主要表现为主动注意功能极差，难以根据一定的任务和要求自觉地把注意力集中在某项活动或任务上。另一方面又表现出被动注意功能相对亢进，非常易于被外界任何细小变化所吸引，将注意力转向无关事物，因此很难坚持在课堂上做事情。

所以对于这样的孩子，老师总是抱怨说："他知道外面发生的事情比课堂上的要多得多。""他不能坚持班级讨论，但是却可以坚持几个小时打游戏。"父母总是抱怨说："我的儿子总是不听我在说什么。""他看电视可以看几个小时，可是做作业却坚持不了 20 分钟。"

注意缺陷的儿童的注意力缺陷主要表现在两个方面。一是注意范围窄，大多数学生对一个问题保持 30~60 分钟的注意力是没有任何困难的，除非他们累了、病了、情绪不好或者遇到了其他的什么困难。但是 ADHD 的儿童如果要在课堂中维持注意则必须要同他们的思维进行斗争。他们总是在最初的几分钟维持注意较好,而且总是试图今天比昨天更好。在一节课的前四分之一过后,他们的想法就变了。这些想法总是来得快也去得快,甚至当他们考试的时候,他们也很难集中注意力。做到一半,他们就会发现自己走神了,虽然他们也总是尽自己最大的努力,却总是不如同龄人在任何事情上集中注意的时间长。

二是注意力分散。也有一些孩子,仿佛从来不能认真听课,他们总是在想一些无关紧要的事情,总是在做白日梦,这类儿童也许同样具有好学的动机和欲望,但是只要外界存在一点点新鲜的刺激,他们就会把注意力转向那里。他们的问题就在于注意分散。有一个叫小萌的10岁小男孩和他的爸爸到我的咨询室来咨询的时候,我耐心地为他们讲解关于注意力障碍的知识,希望能够给他们带来切实的帮助,可是当我全部讲完问及小萌还有什么问题时,他的回答却是:"你窗台上的花和我家里的一模一样,但是我家里的花盆比这个要大。"很显然他的注意不知在什么时候早就已经飞走了。这和前一类儿童有所区别,前一类儿童的问题在于不能够坚持,而这类儿童的问题则在于太容易转向无关的事物。

总而言之,ADHD儿童在面对枯燥的事物、需要付出心理努力时,主动注意力时间很短,注意范围较窄,注意力极易分散。这导致他们上课时不能专心听讲,东张西望,易被无关事物干扰,因而对老师的讲解和布置的作业听不清楚,不能按要求按时完成作业。做作业时,常遗漏、出错、丢三落四,丢失与学习有关的重要东西,他们往往明知应该专心听讲,却控制不住自己,致使学习上缺乏恒心、成绩不佳。

(2)多动

这类儿童不分场合,特别好动。在课堂上,经常扭动身体,无故离开座位,坐立不安,极不安宁。他们不停地做小动作,用小刀或笔乱刻乱画。玩铅笔、纸片、指甲,甚至敲桌子、吹口哨、大声尖叫。还有的做鬼脸,逗同学发笑。他们课间在教室里乱跑乱动。放学后,也到处奔跑、活动不停。在

6. 注意缺陷/多动障碍的六大行为表现是什么？

家里，时常翻箱倒柜，把房间弄得乱七八糟，就连晚上睡觉时，也喜欢来回翻动，睡不安稳。有的儿童还有些不良的习惯性动作，如眨眼、咬指甲等。他们往往精力十分旺盛，因此对睡眠的要求非常少。他们常常很健谈，但他们高水平的精力旺盛和经常性的热情常常不分场合，令人觉得唐突和无所适从。正常儿童也可能喜爱运动，但他们的运动是有目标的，体现了很好的运动水平。而多动儿童的运动是任意的、无组织的、缺乏目标性。他们尤其在按照其他人的希望和要求调节自己的行动方面有困难，因为他们非常讨厌被限制和管束。此外，他们动作虽多，但极不协调，运动水平通常较差。走路或奔跑时常摔跤，做操姿势不正确、不协调。扣衣扣、系鞋带时，动作笨拙。

（3）冲动

这类障碍儿童最基本的表现就是缺乏自我控制。他们往往在行动之前缺乏思考，难以在行动前思考其行为的后果。同样，他们也不能对自己的过去行为进行反思，并从经验中学习。虽然他们也可以很明确地意识到一些规则、要求及其道理，但在任何实际活动中，都不能控制自己的行动。在教室里，总是表现为脱口而出、打断别人的谈话、不等老师说完问题就抢着举手或直接说出答案。在游戏或集体活动中，难以等待轮流。在排队时，总是插到队伍的前面。做作业的时候不能很有组织地按照计划写下去，而是想写哪就写哪。这类孩子往往也很难控制自己的情绪，极为容易生气，发脾气。但是这样的急切行为不是敌意的、带有攻击性的，而是不由自主地、不能自控的行为。我们曾遇到一个叫作子轩的小男孩就是典型的冲动型 ADHD，每次注意力训练，他都会不停地、毫无节制地说话，一次他边画图边夸奖自己画得很棒，同桌的女孩被吸引，随手拿起他的画就要看，当时老师就在身边，可是还没等老师注意的时候，他就已经愤怒地把铅笔扔向同桌女孩的脑门，差点用铅笔头戳到她的眼睛。之后一整节课，无论那个女孩怎么给他道歉，也无论老师怎么开导，他都一直气哼哼的，完全不能继续做训练。

（4）唤醒不足

在学术界有一类观点认为，ADHD儿童并不是能量太多，而是能量太少，致使他们不能够进行必要的抑制。在实际生活中，我们也确实发现有些儿童并不总是精力充沛的，他们对于游戏能够长时间地投入，但对学习活动则表现出倦怠、懒散，常常半途而废，虎头蛇尾。也许是游戏耗费了他们过多精力的缘故。越是需要克服干扰、战胜困难的活动，他们越是容易疲倦，在这些事物上他们经常是拖拉的，边做边玩，对目标明确的活动表现出冷漠、不积极主动，有气无力，没精打采，而他们行动的懒散和不适应似乎常常不是有意的。

（5）缺乏活动的组织性

ADHD儿童对于自己的行为缺乏组织，无论是在生活上还是在学习上都无法达到良好有序的状态。通常，他们的房间乱成一团糟，东西不能够分类摆放，而是杂乱无章地堆砌或散落在一处。他们不会整理自己的书包，所有的东西都塞在书包里。他们做作业的时候常常手忙脚乱，不时地找东西、削铅笔。他们经常会因为找不到家庭作业或不能决定自己要穿什么而迟到。这类孩子并不是没有良好的学习愿望，相反他们非常想成为一个好学生，可是他们却总是因为缺乏必要的组织技巧而不能实现自己的理想。

（6）角色管理失控行为

ADHD儿童常常情绪不稳定，缺乏控制力，这样的一个必然后果就是不能适应学校生活，在学校中，他们往往表现得较幼稚、任性，他们要什么立刻就要得到满足，一不顺心就发脾气、摔东西，对挫折忍受能力较差，经常哭闹。在教室里常违反纪律，对老师的要求不服从，与其争辩。在家里和游戏中，他们不善于与人合作，在和同伴交往时，不讲礼貌，说脏话，责怪别人，不谦让，所以没人喜欢与他们相处。久而久之，他们会变得更加孤僻和自卑。无疑他们的注意力问题明显地影响了他们的社会交往。

虽然ADHD儿童通常具有上述这些外部行为表现，但是这些外部行为表

6. 注意缺陷/多动障碍的六大行为表现是什么?

现并不能构成诊断 ADHD 的必要条件。有些 ADHD 儿童仅仅具有其中一种或两种行为表现,比如至少有 10%~15% 的注意缺陷儿童活动不多,特别是女孩。她们上课时,从外表看来很安静,两眼盯着黑板,一动不动,实际上思想却在"开小差"。此外 ADHD 儿童也并不是在任何环境、任何场合都显示出多动。如有一部分儿童在新奇陌生的环境中,在大人"一对一"的场合下,如在医生或严父面前,多动行为有所减轻。另外,部分 ADHD 儿童到青春期后,多动行为会减少或消失,但学习时的注意力不集中和冲动行为并没有减少。

7. 注意缺陷/多动障碍儿童与顽皮儿童有哪些不同？

就目前人们对 ADHD 的了解而言，一般只是通过对孩子一些日常行为的观察来判断是否与 ADHD 的一些核心症状相吻合，比如多动、冲动、注意力不集中、容易分心等，而这些情况在一些正常孩子的身上也会存在。所以要准确地诊断 ADHD 并不是一件容易的事情。在诊断注意缺陷/多动障碍之前必须对与注意缺陷/多动障碍有相似特征的行为问题进行鉴别。

对于家长来说，最难以把握的就是 ADHD 儿童与顽皮儿童间的区别了。二者在某些方面确实十分相似，如都表现为上课不专心听讲，爱搞小动作，影响或妨碍别人的学习、休息等，但二者的实质是不一样的。主要表现在：

（1）注意力方面的区别

ADHD 儿童在任何场合都不能较长时间集中注意力，即使是看小人书、动画片时，也不能专心致志；也就是说他们的注意力不集中是普遍存在的，尤其缺少明显的环境诱因。他们无缘无故的多动，就好像这种注意力不集中是他们与生俱来的气质。他们的注意力缺陷是普遍性的、弥散性的，并不针对特定的任何场合。但顽皮儿童却不同，他们在看小人书、动画片时能全神贯注，还讨厌其他孩子的干扰。可以说顽皮儿童的注意力不集中是在特定场合或针对特定对象而出现的，他们的注意力不集中不是不可遏止的。如果认真观察他们的行为就会发现，他们的注意力不集中总是由环境诱发的。

7. 注意缺陷/多动障碍儿童与顽皮儿童有哪些不同？

（2）行动目的性方面的区别

顽皮儿童的行动常有一定的目的性，并有计划和安排。而 ADHD 儿童却无此特点，他们的行动较冲动且杂乱，有始无终。

（3）自控能力方面的区别

顽皮儿童在陌生的环境中有自控能力，能安分守己，不再胡吵乱闹；ADHD 儿童却无此能力，常被指责为"不识相"。

（4）成因及干预方面的区别

一般认为 ADHD 是由于神经心理的发展不平衡或某些心理功能的相对落后而导致的。这种障碍可以被认为是与轻微的中枢神经系统的损伤有关系的，对于此类儿童来说，一般的说教和心理治疗效果并不佳，药物治疗是一个必要的手段。即使是行为矫正，也应当与药物的治疗结合起来使用。而顽皮儿童出现的问题行为则主要是由于缺乏良好的家庭环境和学校教育环境而导致的。通常来说，顽皮儿童的家庭缺少真正的爱和有效的约束，有的儿童是在溺爱的环境中长大的，形成了我行我素的性格，不会从别人的角度想问题，在行为上是冲动的、固执的。对这些儿童来说，医学的药物治疗的效果比较差，而心理辅导和行为矫正的方法则是有效的。

家长一定要细心观察自己孩子的行为，尤其是学会按照有关的 ADHD 的标准来评估孩子，一方面不要把顽皮的孩子都称为 ADHD 儿童，扣上大帽子，动辄就让儿童去医院看病；另一方面也不要把 ADHD 儿童单纯地都看作是顽皮的孩子，只从表面上对他们进行批评教育。此外，近年来随着 ADHD 知识的普及，一些家长和幼儿园老师，已能发现某些 ADHD 儿童（7 岁以下）的早期症状，如不守纪律、不睡午觉等，催促家长及早诊治，顽皮儿童虽活动较多，但在约束自己方面要比 ADHD 儿童好很多。

儿童注意力障碍 100 问

8. 如何区分注意缺陷/多动障碍儿童与品行障碍儿童？

品行障碍是指儿童时期反复、持续出现的攻击性行为和反社会行为。这些行为违反了与其年龄相适应的社会行为规范和道德准则，影响了儿童本身的学习和社交功能、损害他人或公共利益。儿童品行障碍的表现有：

（1）攻击性行为

指侵犯或攻击他人的行为，可以表现为躯体攻击或言语攻击。2—3 岁的儿童攻击性行为表现为暴怒发作、吵闹、推拉或动手打其他小朋友。随着儿童本身社会化的发展，到了学龄期，攻击性行为的表现便明朗化，以言语伤人、打架斗殴、恃强欺弱，甚至结成团伙打架。

（2）破坏性行为

表现为破坏他人或公共财产的行为。年幼儿童破坏自己家中的物品，多因出于好奇而摆弄，至学龄期则表现为故意破坏家中或别人的东西。

（3）违抗行为

学龄前期的儿童往往在不如意时出现这种行为，经满足后可自然恢复。学龄期以后则有明显的对抗性，不服管教。

（4）说谎

一般出现在 7 岁以后，表现为有意或无意地说假话，令人真假难分。

此外，还有的会伴随虐待动物或纵火等极端行为。

8. 如何区分注意缺陷/多动障碍儿童与品行障碍儿童?

注意缺陷/多动障碍儿童在日常生活中有很多行为容易被误认为品行障碍。而且根据儿童心理学家调查发现，68%的品行障碍儿童可同时被诊断为注意缺陷/多动障碍，13.8%的注意缺陷/多动障碍儿童也可同时被诊断为品行障碍。那么如何对二者进行区分呢？

第一，从症状上来看，ADHD儿童的根本问题是注意力不集中，并可能伴随多动、冲动的症状。尤其是在学习等需要调控和分配注意力的时候，这种现象尤为明显。而品行障碍的儿童的根本问题是他们的行为具有攻击性和破坏性，他们在写作业或听讲的时候并不会经常出现注意力不集中、走神等现象，也就是说注意力不集中并不是困扰品行障碍儿童的突出问题。

第二，从行为的目的性来看，ADHD儿童的外部行为表现都不是主观故意导致的，家长可以通过观察发现，ADHD儿童在大多数情况下都在尽力地听讲、做作业，但是他们又控制不住走神或者做小动作，他们自己也因此感到痛苦。而品行障碍的儿童很多行为是故意的，在他们的破坏性目的达到后多数会伴随愉快的情绪体验。

第三，从治疗效果来看，ADHD儿童的症状经兴奋剂类药物治疗后会有明显改善，而这类药物对品行障碍儿童多半无效。

另外，有时由于家长或老师等周围环境对ADHD儿童的负面评价过多，很容易导致这类儿童自暴自弃，产生一些品行问题，比如故意破坏物品，在上课时故意逗同学发笑等。这只能说明ADHD儿童伴随有品行问题，但这并不是他们问题的根源。

9. 注意缺陷／多动障碍与学习障碍有不同吗？

学习障碍儿童（Learning Disability）是对智力正常但是学习成绩落后的一类儿童的总称，是指在听、说、读、写、推理或数学等方面的获取和应用上表现出显著困难的一群不同性质的学习异常者的统称。它包括阅读障碍、写作障碍、数学障碍等特殊障碍。而注意缺陷／多动障碍的儿童由于其注意力问题经常导致学习成绩落后。曾经有人把注意缺陷／多动障碍看作学习障碍的一个类型，这种观点并不正确。注意缺陷／多动障碍和学习障碍是从两个不同的定义和脑功能来加以规定的，一个是说自我控制能力的落后，另一个是听、说、读、写的落后，虽然有人在自我控制能力落后的同时也具有听、说、读、写的问题，但并不是所有自我控制力落后的儿童都有学习障碍，两种关系可以用图 1 来表示：

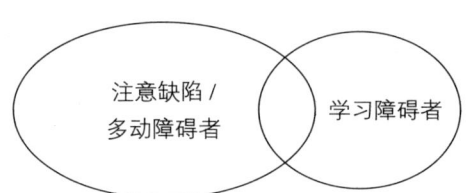

图 1　注意缺陷／多动障碍者与学习障碍者的关系

9. 注意缺陷/多动障碍与学习障碍有不同吗?

也就是说，患注意缺陷/多动障碍和学习障碍的个体在人群分布上有重合。但是到底有多少注意缺陷/多动障碍儿童也同时具有学习障碍呢？这方面的研究一直不太准确。最近美国的心理学家综合了近15年来的17个调查研究，发现研究结果变异极大。重合率从最低的18%到最高的60%。这可能与人们对学习障碍的诊断标准理解有差异有关。平均来说，可断定约有三分之一的注意缺陷/多动障碍儿童是学习障碍者。而注意力障碍同时兼有品行障碍的儿童，比同时患有学习障碍的概率更高。研究还表明，不兼有多动的注意力障碍儿童更有可能具有学习障碍。

研究表明，许多学习障碍儿童同时表现出注意缺陷/多动的行为，他们患有注意缺陷/多动障碍的概率是普通儿童的7倍。学习障碍儿童中同时具有注意缺陷/多动障碍的人数要比注意力障碍中患有学习障碍的人数多得多。

那么，学习障碍和注意缺陷/多动障碍有无因果关系呢？谁对谁的影响更多一些？目前还没有这方面的长期追踪研究，但最近有几项研究表明，注意缺陷影响学习成绩而不是相反。所以，对家长来说，当我们发现孩子在学习过程中有严重的注意力问题时，我们不应该武断地批评孩子学习不努力或不用心，或者认为孩子不能集中注意学习是因为学习成绩差，而是应该带孩子到专业的医院去看看。

儿童注意力障碍100问

10. 为什么我的孩子玩游戏时可以长时间集中注意力，但学习时就不行？

欧阳是一个四年级的小男孩，因为上课总是说话、违反纪律被老师和同学排斥、在家做作业磨蹭而来咨询。经过测试和诊断我们发现，欧阳是ADHD，于是我耐心地为其母亲讲解ADHD的有关知识，包括ADHD儿童注意缺陷、缺乏时间观念等。可是母亲却反驳说："不对，要说是注意力问题，那他玩游戏的时候怎么能够几个小时都不动呢？要说他缺乏时间观念，那他怎么会盯着表等待着电视上播放动画片呢？"

其实好多家长都存在欧阳母亲那样的观念，他们认为，注意力有问题的孩子，应当在所有的活动包括游戏中也不能集中和保持注意力，既然孩子能够长时间玩游戏，就不可能是注意力障碍。但是越来越多的专家认为，注意力障碍仅仅表现在学习上。在游戏中，ADHD儿童和正常儿童差别不大，都能够兴奋且投入。但是当面对枯燥的学习任务时，两者就明显不同了。正常的孩子总能够按照要求完成作业，而ADHD儿童则磨蹭、拖拉、效率低下。为什么呢？其实如果从ADHD的本质入手来解释，这种现象就迎刃而解了。我们知道，ADHD的本质是自我调节能力和反应抑制能力的落后。人只有在接受刺激产生必要的兴奋并抑制不必要的兴奋时才能够很好地完成任务。ADHD的儿童抑制能力的落后使得他们学习时容易受到外来的干扰，而游戏与学习不同的是游戏能够带来即时的快乐满足，不需要预见，不需要抑制其

10. 为什么我的孩子玩游戏时可以长时间集中注意力，但学习时就不行？

他比它更本能的兴奋，因此ADHD儿童在玩游戏时也能够像正常儿童一样很好地坚持。所以，ADHD儿童并不是没有注意力，而是不能够调控和分配自己的注意力，特别是在枯燥的任务中。因此并不能说，一个孩子能够坚持玩游戏或者坚持做他喜欢的事情就不是ADHD，检查一个孩子是不是ADHD应该看他在学习等需要预见、不能够带来即时满足的活动中能否坚持。正如美国研究ADHD的著名学者巴克利所言："注意力缺陷只是表面现象，背后的机制是儿童不能抑制自己的行为，不能自控。"

11. 注意缺陷/多动障碍与自控能力的关系是什么?

前面我们提到 ADHD 儿童有很多外部行为表现,但这些表现都只是问题的表象,表象背后真正的原因是什么呢?正如上面提到的,是儿童的自我控制能力差。那么到底什么是自我控制能力呢?它对于注意力的保持为什么如此重要呢?人类有许多行为,大部分行为总是指向环境的,与自我控制无关,比如我们每天的吃饭、娱乐等。人类还有另一类行为,即指向或为改变自我以后行为反应的可能性而产生的行为,这类行为就是自我控制的行为。自控行为改变了原有的行为后果,是一种有意识的意志行为。自控行为的特点可概括如下:

① 这一行为反应是指向个体自身的,而不是环境事件的。

② 这种自我控制的行为是为了改变以后可能出现的行为反应。自控要求自己为以后的行为结果着想,不能只考虑当前的利益。比如,是先玩游戏,还是先学习呢?拥有良好自控能力的儿童会选择先学习再玩游戏。

③ 自我控制的行为是为了相对长久的行为后果,而控制目前的行为。需要自控的典型行为是学习,对于儿童来说,学习不像吃喝玩乐那样,能够立刻得到满足,学习是有计划性的,目的是长远的,需要儿童良好的自控行为。

④ 在自我控制的行为中,相对于近期的后果,个体一定更偏重远期的后果。

⑤ 自我控制的行为一定是涉及需要满足的时间差,是一种现在与未来的

11. 注意缺陷/多动障碍与自控能力的关系是什么？

联系。自我控制是现在与未来之间联系的桥梁和中介。由此可见，自我控制总是产生于中止当前对于我们有吸引力的、直接的活动，它总是为了一个更为长远的目标或更大的满足而中止眼前的小的满足。只有抑制这些当下的活动才能有可能使我们进行比较、记忆与决策。通俗地说，做任何一件有意义的事情，都需要我们具备坚强的意志，能够抵制一切诱惑，具备坚韧不拔、一心向前的精神。

实际上，自控能力不仅有对行为的自控，还包括对情绪的自控。ADHD儿童不仅行为自控能力落后，而且情绪自控能力也不如正常儿童，他们动不动就发脾气，情绪波动很大，容易冲动，易激惹，容易与人发生口角，失败后非常沮丧。其实，任何外在信号都会激发我们的情绪反应，但是，我们必须克制这些反应，只有这样，我们才能够冷静地思考，做出正确的决策。ADHD儿童由于不能控制自己的情绪冲动，往往不能充分地决定自己的行为反应。

在人的心理活动中，注意力不是一个独立的心理过程，它附属于某一心理过程。当我们说某人的注意力集中时，仅仅指他对某一个事物的集中。从这个意义上讲，人不能没有注意力，人无论做什么都有注意力。一个上课不听讲的孩子，也是有注意力的，只不过他的注意力没集中在老师身上，而是集中在自己的手指或窗外的某一事物上，如果他什么也没有做，那么，他的注意力就是集中在头脑中的幻想上。总之，他是一个有注意力的人，只是他没有按照老师的要求把注意力放在学习上。

看来，注意力集中与否是一个看问题的角度的问题，你认为孩子注意力不集中，这只是就你对他的要求和他需要完成的任务而言的，而在孩子看来，他的注意力已经集中了，但没集中到家长和老师要求的任务上。难怪我们经常把这些注意力不集中的孩子说成是不听话的、难以管教的，他们只是我行我素，不按照大人的要求去做。

美国学者巴克利认为，抑制反应功能的发展性落后造成了儿童自我控制的缺陷。人的大脑神经接受刺激产生必要的兴奋，但与此同时，也要产生抑制，即抑制其他不必要的兴奋。"哪里有兴奋，哪里就有抑制"，如果我们不能有效地抑制自己的行为反应，我们的大脑就像一个发了疯的钢琴师，胡乱演奏。这种抑制是我们做计划和思考问题的前提。注意力障碍儿童在接受刺激后，不能适当地抑制或延迟自己的反应，而是倾向于立即做出反应，如做一个数学题，他们没读完题就开始反应，结果自然有误差。

游戏与学习的一个最大不同就是前者能够带来立即的快乐满足，而学习造成的满足是将来的。玩游戏是人的本能，不需要预见，而学习则需要预见。游戏只需要人们按照现有快乐去做，争取更多的快乐，而学习则需要计划与策划，要不断地向自己提出问题并解决问题。总之，游戏不需要自我控制，而学习需要自我控制。

研究表明，ADHD儿童抗拒诱惑的能力低于正常儿童，一项研究考查了69名被诊断为注意力障碍的儿童和43名正常儿童，让他们先玩一种玩具，告诉他们当老师出去时不许碰这些玩具，然后老师出去3分钟。通过单向玻璃窗观察记录儿童的行为，观察的指标为儿童能延迟多长时间才触碰这些玩具和触碰玩具的次数。结果发现，注意力障碍儿童中平均触碰玩具的时间比正常儿童快35%，而他们触碰玩具的次数为正常儿童的两倍。正常组的儿童能够使用一些延迟满足的策略来控制自己，如对玩具说话，数一数有多少玩具等。而注意力障碍组的儿童没有这样的策略。

此外，注意力障碍儿童的抗干扰能力也低于正常儿童。有这样一个实验：让儿童对颜色和颜色的命名进行快速联想。首先，让儿童辨认小方块的色彩，这些方块按照一定的顺序排列起来。然后，让儿童读出印在黑墨水上面的颜色名字。最后，让儿童必须说出印有某一颜色名称的彩色墨水是什么。也就是说，即便是这个词表明的彩色的名字与彩色墨水不一致，也必须说出正确的名字。比如，某一红颜色墨水背景上写着"绿"这个字，你也要说出它是

11. 注意缺陷/多动障碍与自控能力的关系是什么？

红色的墨水。在这种抗干扰实验中，注意力障碍儿童的准确性通常都比正常儿童差，他们通常需要更长的反应时间，并出现更多的错误。

ADHD儿童的行为通常缺少这种自我控制性，这些孩子似乎只是关心眼前正在从事的快乐的活动，很少停下来想一想自己的活动。他们很少反省自己的行为，主要精力都放在不断对外部事物做出反应上。他们看上去简单、幼稚，没有什么焦虑和烦恼的事，像一只快乐无知的小鸟。因此，如果我们能够提高注意力问题儿童的自控能力，那么他们所有让人头疼的行为都会很好地得到改善。

12. 注意缺陷/多动障碍是一种大脑疾病吗?

目前的研究并没有明确地发现 ADHD 与某个脑区的损伤或某种疾病有关，但是这并不能说明 ADHD 是杜撰出来的。因为有很多正式疾病的存在，并没有病变或病理的证明可以解释，ADHD 就是其中之一，其他的还有唐氏综合征、自闭症、躁郁症等疾病。很多疾病的成因都是脑部发展的问题，或者与神经细胞功能有关，也有的与基因有关。虽然我们并不知道这些疾病在脑部分子生物上的确切原因，但是我们不知道并不代表没有。就像我们有时候甚至连为什么感冒都搞不清楚，但是却知道自己得了感冒一样。而且越来越多的研究显示，此症是与基因有关的脑部发展病症。虽然大部分的患者是基因的影响造成的，但是也有些个案是由于直接的脑部损伤或者病变造成的。我们已经知道怀孕时的酒精症候群会增加胎儿患此症的概率；另外早产儿出生时的脑内出血也会导致 ADHD；如果孩子脑部前额叶受损，也有可能导致此症。这些证据表明，任何影响脑部前额叶功能正常发展的因素都会造成 ADHD。

13. 注意缺陷/多动障碍的病因是什么？

我的孩子为什么会得这种病？这是很多家长在面临孩子被诊断为注意缺陷/多动障碍后首先想要了解的问题。事实上，ADHD 的产生涉及许多因素，该疾病并非由单一因素造成，而是由很多因素共同造成的。德国心理学家劳特等人为 ADHD 的形成提供了解释框架。

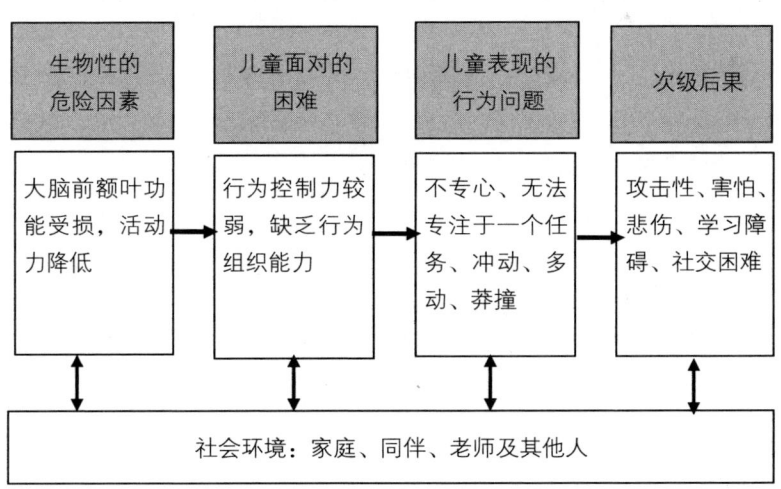

图 2　形成注意缺陷/多动障碍的解释框架

从图 2 可以看到，大脑前额叶功能受损可能导致 ADHD，但是 ADHD 症状的持续，以及由该症状带来的负面影响很大程度上取决于周围环境的影响。

我们在临床中经常见到这样的 ADHD 儿童，早期可能由于生物性因素他会出现一些 ADHD 的症状，比如注意力不集中，多动、冲动。此时家长和老师没有意识到问题的真正原因是什么，只是以为孩子顽皮、不懂事，因此就会采取更加严厉、粗暴的手段来对待他。最常见的方式就是惩罚，比如孩子写作业磨蹭，家长可能就会对孩子进行打骂。在学校里，由于孩子上课走神、小动作多，老师也会对他进行惩罚，比如罚站，或者当着全班同学的面对孩子进行批评，此时同学都会把这个孩子当作笑柄，没有人愿意和他玩，长此以往，这个孩子可能会产生严重的行为和情绪问题。比如在班级里故意捣乱，上课的时候做一些夸张的动作来吸引同学和老师的注意，甚至故意招惹同伴，引起冲突。还有的孩子可能变得自卑，觉得自己一无是处，没有自信心，这对他们的成长都是非常不利的。如果家长和老师能够及时意识到 ADHD 儿童可能面临的问题，并且采取合适的方法对他们进行帮助，那些负面影响可以最大限度地降低，至少可以让 ADHD 儿童有个快乐的童年，而不是每天面临来自家长和老师的双重压力。

14. 注意缺陷/多动障碍儿童是否有特殊的大脑结构?

近年来的研究表明,注意缺陷/多动障碍与大脑前额叶的不活跃有密切的联系。人类的很多活动,比如学习、计划、解决问题等工作,只有当大脑的许多区域一起工作时才可能完成。前额叶的功能就相当于各个脑区的"总导演",它负责协调和执行各个脑区的活动,主要负责持续的注意力、自我控制以及对未来的计划等。当该区域被激活的时候,孩子就能排除干扰,并且在一段时间里制造出足够的精神能量集中在一件事情上。如果该区域没有被充分激活,那孩子就很难听从指挥,集中注意力,或在做事情前进行合理地规划,而注意缺陷/多动障碍者正是面临这些问题。因此,很多研究发现脑部额叶区受伤的人行为表现和 ADHD 儿童的行为表现非常相似。

此外,ADHD 的发生与行为的脑调节有关,越来越多的证据表明,ADHD 个体的脑结构和功能与正常个体存在差别,采用神经影像学技术,包括正电子发射体层摄影(PET)、功能性核磁共振成像(FMRI)以及单光子发射电子计算机体层扫描(SPECT),一些研究发现 ADHD 个体的大脑额叶(前额叶)、基底神经节和胼胝体在形态上与正常对照组不同,这些部位的血流量和葡萄糖代谢也较正常人群要低。由于大脑额叶是脑的执行中枢,该中枢通过与大脑其他部位的联系,管理信息的加工,负责加工传入的信息并选择适当的情感和运动反应，研究者因此假设ADHD个体的额叶，由于与脑的其他部位的联系发生了改变，而不能正常地发挥其执行功能，这种联系的改变涉及脑内儿茶酚胺类神经介质（多巴胺及去甲肾上腺素）水平的变化，其理由是能够改变上述神经介质的精神振奋药（如哌甲酯）对ADHD有效。

更加精确的研究来自神经生物学对ADHD儿童脑内化学物质的研究。部分科学家认为大脑的某些神经遗传物质，也就是神经细胞之间相互传递信息的化学物质（神经递质）的分泌不足，导致了ADHD症状。他们提供了如下方面的证据：a. 兴奋剂的药物，如利他林对于治疗很有帮助，利他林的作用原理在于改变神经递质的作用；b. 动物实验发现，利他林提高了动物体内神经递质（多巴胺和肾上腺素）的分泌量；c. 如果破坏动物体内的多巴胺和肾上腺素的分泌，动物会表现出多动症状。目前，至少确定了两种与ADHD相关的基因。其中一个是与多巴胺运送有关的基因，功能是从神经突触转移多巴胺，另一个基因与神经突触对多巴胺的敏感有关。

除了来自脑部结构、脑内神经递质的研究以外，脑内活动，尤其是脑电和脑血流的活动偏差也是可能导致ADHD的原因之一。研究者测量ADHD儿童的脑电活动，发现其额叶区域的放电活动较低。1973年蒙提和保罗等人在美国精神卫生研究所做了一项研究，发现ADHD儿童脑部放电活动较不成熟，但是服用药物以后，活动水平得到了提高。在脑血流方面，脑部越活跃的区域，需要越多的脑血流。科学家比较ADHD儿童和同龄的正常儿童发现，ADHD儿童的额叶，尤其是尾状核区域的脑血流量较低。尾状核中的一个名为纹状体的区域对抑制行为和持续专注非常重要，尤其是在控制情绪、动机和记忆方面。

综上所述，关于ADHD儿童脑损伤的研究众说纷纭，并没有取得一致的结论，也没有充足的证据说明在大脑的何种部位受到了何种程度的损伤，以及这种损伤是外在伤害所造成的，还是脑功能发展滞后带来的。但是，脑伤

14. 注意缺陷/多动障碍儿童是否有特殊的大脑结构？

作为一个重要的诱发 ADHD 的原因不应该被忽略。我们可以认为，轻度脑功能失调，尤其是额叶区域的脑功能失调，是导致 ADHD 的重要原因，这种脑功能失调与多种因素有关，但是，程度较轻、没有明显器质性损伤的脑功能失调可以通过药物或后天的训练得到补偿。

15. 母亲孕期出现异常可能会导致孩子注意缺陷/多动障碍吗?

有些家长说,我们夫妻二人都是名牌大学毕业,上学时学习成绩突出,专注力强,家庭成员中从没有自控力差的人,我们的孩子怎么会是注意力缺陷/多动障碍呢?其实,研究还发现,母亲在怀孕期间的不利条件可能会导致孩子出现注意力障碍。

研究显示,当母亲怀孕或生产时有并发症,孩子患有 ADHD 的概率会增加。到底是哪一种并发症,似乎没有一致的说法,当然,并非所有的并发症都会导致 ADHD。并发症会影响到胎儿脑部正常发育,并进一步导致 ADHD。另外,也有一种说法是,由于胎儿的母亲本身是 ADHD 患者,在怀孕期间更容易出现并发症,从而影响了胎儿的发育。怀孕早期是胎儿脏器形成的关键阶段,尤其是胎儿的神经系统、心脏和其他一些脏器早在孕期的第一个月就开始逐渐发育了,因此这一阶段母亲的机体状况对胎儿早期的发育有着重要影响。

研究显示,孩子在母亲怀孕时出现过宫内感染、缺氧,或出生时的窒息等,都可能造成大脑的损害。这些损害会影响孩子自我控制能力的发展。

胎儿酒精综合征就是一个很好的例子。胎儿酒精综合征是一种由于母亲在怀孕期间饮酒给胎儿带来一系列负面影响的病症。许多孕妇不知道孕期饮酒的危害,过量饮酒会造成胎儿身体和精神发育迟缓。胎儿酒精综合征会有

15. 母亲孕期出现异常可能会导致孩子注意缺陷/多动障碍吗？

以下临床表现：胎儿发育不良、身体畸形、学习障碍、注意力不集中、自控能力落后、人际关系不良等。除酒精中毒以外，很多药物的服用都会影响胎儿的发育，尤其是影响胎儿神经系统的发育，从而有可能诱发 ADHD。因此，孕妇在服用药物时，一定要非常谨慎。另外，早产、铅中毒、辐射、精神压力过大、营养不良等因素都会影响到胎儿的正常发育。

因此，虽然说胎儿期的并发症不一定会引发 ADHD，但是母亲一定要提高警惕，注意保护自己和孩子，为孩子的成长创造一个良好的环境和前提。

16. 注意缺陷/多动障碍的患病率是多少？

美国著名 ADHD 研究专家巴克利医生曾经提出，据保守估计，美国社会中有 3%～7% 的儿童患有 ADHD，换句话说，全美国学校的每一间教室里就有 1～2 位 ADHD 儿童，这个数字也表示专业人员注意到 ADHD 是最普遍的儿童疾病之一。在我国，最近的一次调查结果显示，在学龄儿童中 ADHD 患病率大约为 4.31%～5.83%，估计全国共有 ADHD 儿童 1461 万～1979 万。这个数字也告诉我们，每个人的周围都可能有一个 ADHD 患者，不管我们是否看得出来。而我们的社会为 ADHD 付出的代价十分惊人，不只是生产力的损失和发展受到影响，还有再教育的成本。

17. 注意缺陷/多动障碍有性别差异吗？

从临床观察来看，男孩注意缺陷/多动障碍的发病率要明显高于女孩。男女之比约为 3∶1～9∶1。男女虽然都有可能患注意缺陷/多动障碍，但男孩由于天性爱动，因此伴有多动症状的较多；而女孩相对较少，易给人留下智能较差的印象。因此男孩多为混合型 ADHD，女孩多为注意缺陷型。还有研究发现，青春期之前，整体而言，男孩比女孩有较多的行为困扰；青春期之后，这种不平衡的现象会消失。女孩多半以防卫的方式处理问题，所以较少发展成向外的干扰（例如攻击行为），而是发展成向内的问题（例如退缩、害怕）。

18. 注意缺陷/多动障碍可以遗传吗？

菲菲和滔滔是一对双胞胎姐妹，她们现在在同一所小学上3年级，在别人眼里，她们是一对非常活泼可爱的小姐妹，可班主任王老师反映，菲菲和滔滔上课时经常不能专心听讲，话特别多，老捣乱，老师必须花大量的时间来管理他们。即使将她们分开了，仍然没有任何改变。

无奈之下，菲菲和滔滔的家长只好带着她们去咨询。奇怪的是，咨询师不只测评滔滔和菲菲的问题，也评估了她们父母的情况，甚至关心她们的爷爷奶奶和外祖父母的情况，最后咨询师认为，菲菲和滔滔患有ADHD，并且很大程度上受到了遗传的影响。

最近10年来，科学家在ADHD的遗传学根源方面做了大量的努力，也取得了非常鼓舞人心的结果。一般认为，遗传在ADHD中扮演着非常重要的作用，但是这种作用不是绝对的。也就是说，直系亲属如果患有此症，则子女患有此症的概率会大大增加，但是，这种概率具体有多高，尚没有明确的结论。

为了更好地证明遗传对ADHD的影响程度，很多科学研究者采用了家族史和双胞胎研究的方法，这是一种通过大量调查双胞胎和家族中患有ADHD的情况来发现遗传对于此症的影响的方法。家族史的研究发现，若有一人被诊断为ADHD，家族中其他成员也有可能患有此症。约瑟夫·贝得门博士及其同事就做了这方面的研究。在1990年发表的一篇报告中，他们调查了75

18. 注意缺陷/多动障碍可以遗传吗？

位 ADHD 患者及他们的父母和兄弟姐妹，共计 457 人，再将结果与对照组（没有任何疾病）的 26 个孩子进行比较，结果发现，患有 ADHD 儿童的家庭患有此症的概率是 25%，远比对照组 5% 的概率要高。由此可见，如果家中有一个患有 ADHD 的儿童，则其他人患有此症的概率将大大增加。双胞胎的研究更有说服力，研究发现，若同卵双胞胎中有一个是 ADHD，则另一个患有此症的概率高达 79%。若是异卵双胞胎，概率大约在 32%，这远高于没有血缘关系的人患此症的概率（一般人患 ADHD 的概率大约在 3% ~ 5%）。

近几年来，越来越多的研究发现，遗传可以解释绝大部分（80% 左右）儿童的多动、冲动行为的问题，而环境对 ADHD 的解释远不如遗传作用那么显著，由此可见遗传的力量。可是，遗传究竟是如何发挥作用的呢？这也是科学家们所关注的焦点所在。

研究表明，遗传导致了脑功能的轻微失调，这种失调可能发生在大脑额叶皮质和尾状核区域。不仅如此，研究还进一步揭示了基因层面的致病原理。研究者已经追踪到两种导致 ADHD 的可疑基因。其中一种名为 D4RD，这种基因与寻找新异的刺激有关，也就是说，ADHD 患者由于此基因的作用，比一般人更喜欢寻求感观刺激、冒险、冲动等行为；另一个基因名为 DATI，该基因通过影响大脑内神经递质的功能而发挥作用。

既然 ADHD 主要是由于遗传所导致的，那么，家长们是不是对此无能为力呢？答案是否定的。尽管先天遗传造成了 ADHD，然而，大量的科学研究发现后天的环境塑造和行为管理将会大大改善此症的破坏性效果，另外，针对先天的缺陷，科学家也已经发明了大量有针对性的药物来治疗 ADHD，并取得了显著的效果。

由此观之，ADHD 患者可能是天生的受害者，是无辜的，他们的行为不是态度、情绪的原因，更不是道德品质败坏，相反，他们更需要得到别人的帮助和爱。

儿童注意力障碍 100 问

19. 注意缺陷/多动障碍可以不治而愈吗？

有的家长认为注意缺陷/多动障碍只是儿童发展过程中的自然现象，长大了就会好。所以这类父母往往对孩子的注意力问题漠然忽视，只等着"长大就好了"。有的家长甚至会想，自己小时候不是也不能集中注意力吗，后来还不是考上了大学，找到了好工作。这话听起来有一定的道理，正常儿童的注意力的确会随着年龄的增长而有所改善，但是对于注意力障碍儿童来说，情况要复杂得多。

研究表明，到了中学之后，ADHD 儿童与小学前期相比，在注意力集中的时间、冲动的克制和多动方面的确有所好转，可是我们应当看到，其他正常儿童的注意力和行为冲动也都有所改善。随着年龄的发展，儿童的心理肯定比小时候更为成熟，更具有自制力，这一点毫无疑问。然而，问题在于与正常同龄人相比，这些 ADHD 儿童的行为症状是否还有相当大的差距？这种差距是增大了还是缩小了？据有关研究表明，大约 70% ~ 80% 的 ADHD 儿童在进入青春期后与同龄人相比，在注意力和冲动性方面表现出明显的差距。

而且不止于此，除了上述注意力缺陷之外，这些进入青春期的少年还表现出各种各样的不适应问题。如果 60% 以上的这类少年表现出对权威的反抗和不顺从行为，他们不听从老师的指挥，与同学的关系更为疏远。其中至少 40% 的人经常打架，具有强烈的攻击性。与其他同学相比，他们发生行为问题的可能性更大，如经常逃学、厌学，留级的人数也较多。吸烟、喝酒、聚

19. 注意缺陷/多动障碍可以不治而愈吗？

众闹事等不良行为都与他们有关。

追踪研究还表明，到 18~25 岁，这些童年有注意力问题的人中，有一半人仍然具有注意力不集中和冲动行为。这些人的学习功能和适应社会的功能受到妨碍，反社会的危险性增大。根据美国的一项调查，患有 ADHD 的儿童长大后只有 5% 的个体能完成大学教育，1/3 的人上大学半途而废，而普通儿童中有 40% 的人大学毕业。约有 1/4 的 ADHD 儿童长大后在就业和人际关系上有问题。大约只有 1/3 的这类儿童长大后没有出现不适应的问题，其症状有所缓解。

研究发现，家庭教育是导致这类儿童长大后分化的重要因素，如果小时候具有不良行为如偷东西、说谎等，或者小的时候不被其他同学接受，则预后的行为表现不好，注意力障碍不能得到缓解。

由此可见，对于患有 ADHD 的儿童，我们应当采取一种高水平的干预策略，既要从内部的神经心理方面给予治疗，如使用药物，又要从环境方面给予援助，动员家长、教师和学校中的心理健康教育工作者，在社会适应、心理成熟、学业学习和情绪控制方面给予具体的指导。

20. 家长如何判断孩子是否患有注意缺陷/多动障碍？

对于家长来说，首要的任务是断定自己的孩子是否真正是一个注意缺陷/多动障碍儿童。完整而准确的诊断，是正确面对 ADHD 儿童的第一步。家长有必要了解诊断 ADHD 的标准。

目前在医学上主要是对照该诊断标准，而在心理教育方面则利用问卷和行为观察等方法来进行测查与筛查。其实无论运用何种方法，重要的是要对 ADHD 有一个合理科学的认识与理解，最主要的是要对 ADHD 的鉴别诊断的准备工作、内容、程序等问题有一个科学的认识。

我们在这里主要介绍两种常用的诊断量表，美国精神病学会的《精神障碍诊断和统计手册》（第四版）(*diagnostic and statistical manual of mental disorder,* fourth edition, DSM-Ⅳ) 中的关于注意缺陷/多动障碍的诊断标准；中华医学会《中国精神障碍分类方案与诊断标准》（第二版）。

> **《精神障碍诊断和统计手册》（摘选）**
>
> 1952 年美国精神病学会出版的《精神障碍诊断和统计手册》第一版中并没有认识到注意缺陷/多动障碍这一常见的儿童行为障碍，在第二版中引入"多动性反应"这一概念。在《精神障碍诊断和统计手册》即

20. 家长如何判断孩子是否患有注意缺陷/多动障碍？

DSM-Ⅲ（1980）中对精神障碍的分类做了重大的革新，几乎对每种精神障碍都制定了诊断标准，使用了多轴分类，并通过临床测试以检验诊断的可靠性和一致性，引起了国际上的广泛兴趣。之后，《精神障碍诊断和统计手册》第三版的修订版（DSM-Ⅲ-R，1987）和《精神障碍诊断和统计手册》第四版（1994）在广泛征询意见和建议的前提下，结合现场测试进行修改。《精神障碍诊断和统计手册》系统的分类，虽然主要通行于美国，但因其具有详细的诊断标准，所以具有较大的国际影响。

诊断标准一般包括症状标准、病程标准、严重程度标准和排除标准等部分。下面简单介绍《精神障碍诊断和统计手册》第四版（DSM-Ⅳ）中关于注意缺陷/多动障碍的诊断标准。

314 注意缺陷/多动障碍

A.（1）或（2）

（1）下列注意力不集中症状如果出现六个月以上，至少具有其中的6项，并严重到不能适应环境和与年龄发展水平不一致，可被认为是注意力障碍：

a. 经常无法对细节给予紧密关注或在完成学校作业、工作或其他活动中，经常犯粗心大意的错误；

b. 在游戏和完成任务时难以集中注意力；

c. 经常无法集中注意听别人对自己说话；

d. 难以遵守其他人的指令或不能完成学校的作业、值日等琐碎任务（不是由于无法理解指令和反抗心理）；

e. 经常难以有条理地对任务和活动进行组织；

f. 经常逃避、不喜欢或不愿意投入到需要持久脑力活动的任务中（例如，学校课业和家庭作业方面）；

g. 在家中或在学校经常丢失与学习任务和游戏有关的物品（如玩

儿童注意力障碍100问

具、工具、铅笔、书籍和作业本等）；

h. 易被与当前任务无关的外部刺激所干扰；

i. 在日常活动中经常丢三落四。

（2）下列多动—冲动症状如果出现6个月以上，至少具有其中的6项，并严重到不能适应环境和与年龄发展水平不一致，可被认为是多动冲动型障碍：

多动

a. 经常手脚不停地动以及坐不住；

b. 经常在教室以及其他应该保持在座位上的场合随意离开座位；

c. 经常在不恰当的场合过分地到处乱跑（在青春期和成年期，可能只局限于主观上心情的不安）；

d. 在游戏活动中经常难以安静地参加或投入；

e. 经常在"忙碌中"或像"被马达驱动"一样；

f. 经常过多地说话冲动；

g. 当所提问问题还没说完时就开始抢先回答；

h. 在集体活动或游戏中难以按顺序等待；

i. 经常打断或打扰别人（例如在别人讲话时插嘴或干扰其他儿童游戏）。

B. 某些造成损害的症状一般在7岁之前出现。

C. 某些症状造成的损害至少在两种环境中（例如在学校或工作处和家里）出现。

D. 在社交、学业或职业功能上具有临床意义损害的明显证据。

E. 症状不是出现在广泛发育障碍、精神分裂症或其他精神病性障碍的病程中，也不能用其他精神障碍（例如心境障碍、焦虑障碍、分离障碍或人格障碍）来解释。

20. 家长如何判断孩子是否患有注意缺陷/多动障碍？

DSM-Ⅳ将"通常最初在婴儿、童年和少年期明显的障碍"放在诊断类别的第一位，编码为314。

A. 症状标准：DSM-Ⅳ将注意缺陷/多动障碍分为两个症候群，三个亚型，在（1）注意障碍症状的9条中如果符合6条以上，即可诊断为注意障碍为主型；在（2）多动/冲动症状的9条中，如果符合6条以上，即可诊断为多动/冲动为主型；如果两型都符合，即诊断为混合型。

B. 病程标准：DSM-Ⅳ将注意缺陷/多动障碍起病年龄定位7岁前，事实上，注意缺陷/多动障碍儿童的症状常在3岁时就可能明显表现出来，而定"7岁之前"起病，是因为有利于排除学习障碍和其他原因引起的多动行为。

C. 症状的广泛性：要求至少在两种环境中出现注意障碍或多动/冲动行为，以排除有些儿童仅在某些场合如在父母面前出现的情景性多动行为。

D. 严重标准：正常儿童之间在活动量方面也会存在一些差异，这可能与儿童自身的气质有很大关系。此外有些儿童，特别是男孩，常常活动较多，但由于这些儿童的父母的性格或气质方面的差异，对于喧闹的耐受性各异，因此很多父母都很难有一个客观的确定儿童多动的尺度。因此严重程度标准可以作为界定正常儿童的多动、注意力不集中与注意缺陷/多动障碍儿童的一个指标，只有当这些行为程度明显超出正常儿童行为的范围并严重干扰了儿童的社会功能，才能下诊断结论。注意缺陷/多动障碍儿童由于注意力落后，不能听从教师的指示，因此表现为学习成绩差；由于多动，常不能很好地遵守学校的规章制度和班级纪律；由于冲动，常和小伙伴发生冲突，使老师感到很难管理，而且严重影响儿童与同伴之间的交往，因此可以说注意缺陷/多动障碍儿童的社会功能受到严重干扰。

E. 排除标准：注意障碍、多动、冲动都是注意缺陷/多动障碍的非特异性症状，可见于广泛发育障碍、精神分裂症、心境障碍、焦虑障碍、分离障碍或人格障碍等多种障碍中，因此在诊断时要排除上述障碍的影响。

中华医学会《中国精神障碍分类方案与诊断标准》第二版修订版中，对儿童注意力障碍的诊断是：

一、起病于学龄前期，病程至少持续六个月。

二、症状标准：至少需具备下列行为中的四条，其症状严重性可不同程度地影响学习和适应环境的能力。

1. 需要静坐的场合难以静坐，常常动个不停；

2. 容易兴奋和冲动；

3. 常常干扰其他儿童的活动；

4. 做事粗心大意，常常有始无终；

5. 很难集中思想听课、做作业或其他需要持久注意的事情；

6. 要求必须立即得到满足，否则就产生情绪反应；

7. 经常话多，好插话或喧闹；

8. 难以遵守集体活动的秩序和纪律；

9. 学习困难。成绩差，但不是由于智能障碍所引起；

10. 动作笨拙，精巧和协调动作较差。

三、排除标准：不是由于精神发育迟滞、儿童期精神病、焦虑状态、品行障碍或神经系统疾病所引起的。

21. 家长在带孩子问诊前应该做哪些准备？

在对 ADHD 的诊断标准和一系列行为有所了解后，家长可以对照自己孩子的情况有个初步的判断，但是要想对孩子是否患有注意缺陷/多动障碍有个确切的了解，还需要借助专业机构来进行相应的诊断。在进行专业诊断前，为了能对孩子有更好的了解，家长可以参照下面几方面进行思考，便于在问诊的时候能够提供关于孩子的全面、翔实的信息。

（1）评价

首先，你可以参照下列标准评价孩子：

① 他的活动量、冲动和不专心的程度，都远远超过同年龄的孩子，而且持续时间至少在六个月以上。

② 有好几个月了，其他孩子的家长不断反映你的孩子在与其他小朋友玩耍的过程中不能控制自己。

③ 你好像必须花比别人多得多的时间和精力，才能保证孩子的安全，不让孩子受伤。

④ 因为你孩子的多动、冲动、情绪化或攻击行为，导致别的孩子都刻意回避他，不喜欢和他玩。

⑤ 其他家庭成员或老师持续数月向你反映你的孩子有行为方面的问题。

⑥ 你在面对孩子的时候，容易失去耐性、发脾气、惩罚他，同时觉得特别疲惫和沮丧。

儿童注意力障碍100问

（2）评估准备

完整而正确的诊断，是成功面对注意缺陷/多动障碍儿童的第一步。对任何父母来说，带孩子接受心理专业的评估都是一个很重要的决定。很多父母不清楚对此评估应该抱有何种期待和该做什么准备。以下的建议可以帮助家长为孩子的评估做好准备。

在家长决定寻求专业帮助时，请先考虑对孩子最放心不下的问题是什么。通常来说，这些担心反映出你的孩子在行为、情绪、家庭、学校或社会适应方面的问题。在等待专业的咨询与治疗之前，花一些时间坐下来好好想一想下面的问题，最好在纸上列出你的答案，这样可以帮助你澄清对孩子问题的想法，也可以使评估进行得更顺畅、快速。

① 在一张白纸上将你最在乎、最担心孩子的问题列出来，这些问题可以是"学校适应"、"家庭"、"同伴交往"、"学习"等大的项目，在这些大的项目之下再具体列出你觉得发生的频率或严重程度。如果你不太确定问题是否为本年龄段儿童常见的，可以做记号，在进行专业的诊断时咨询专业人员。

② 在另外的一张白纸上，列出"健康问题"、"智力发展"、"动作协调"、"感知觉问题"、"学习能力"、"焦虑与害怕"、"沮丧"、"攻击别人"、"多动"、"精力难以集中"、"反抗行为"等几个大项目。然后把你能想到的孩子的状况都列在各个项目的下面，如听力、视力的问题，阅读、数学的问题，说谎、偷窃等问题。这样的简单归类对专业人员的诊断是非常有帮助的。

③ 填好孩子的家庭表现问卷，然后再在另外一张纸上将你所选择的"是"的项目的内容记下来，在进行诊断时交给专业人员。美国学者巴克利在《如何养育多动症孩子》[*]一书中，介绍了一个家庭表现问卷。

---

[*] 本书已由中国轻工业出版社"万千心理"策划出版。

21. 家长在带孩子问诊前应该做哪些准备？

家庭表现问卷

孩子姓名_____   日期_____

填表人姓名_____   与孩子的关系_____

指导语：

在下列情形下，你的孩子是否会出现不遵守规矩的情况？如果有，请选择"是"，并在旁边的数字上，选择出严重的程度，如果没有，请选择"否"。

情境	是/否（选择一个）		如果是，有多严重（选择一个数字）
	轻微	严重	
单独玩的时候	是	否	1 2 3 4 5 6 7 8 9
和别人玩的时候	是	否	1 2 3 4 5 6 7 8 9
吃饭时	是	否	1 2 3 4 5 6 7 8 9
穿/脱衣服时	是	否	1 2 3 4 5 6 7 8 9
洗澡时	是	否	1 2 3 4 5 6 7 8 9
你打电话时	是	否	1 2 3 4 5 6 7 8 9
看电视时	是	否	1 2 3 4 5 6 7 8 9
家中有客人时	是	否	1 2 3 4 5 6 7 8 9
公共场合（餐厅、商店等）	是	否	1 2 3 4 5 6 7 8 9
爸爸在家时	是	否	1 2 3 4 5 6 7 8 9
叫他做家务时	是	否	1 2 3 4 5 6 7 8 9
叫他做作业时	是	否	1 2 3 4 5 6 7 8 9
上床睡觉时	是	否	1 2 3 4 5 6 7 8 9
坐在车上时	是	否	1 2 3 4 5 6 7 8 9

④ 在接受专业诊断之前，父母应先与孩子的老师谈谈。了解老师对孩子在学校表现的看法。将老师的看法记录下来，以便在与专业人员会面时进行交流。

⑤ 将除了这个孩子之外的困扰你们家庭的问题都列出来，如个人的、婚姻或配偶、金钱、亲戚、工作、健康等。在接受专业诊断时应该带着这些问题，因为这些问题都会被问到，这会有助于提高整个诊断的有效性。

⑥ 在接受专业诊断时还要带孩子的成长纪录，有关怀孕、生产、孩子的发展记录等。如果没有现成的，请回忆一下内容并做记录：

a. 怀孕时的状况，如是否抽烟、喝酒、吃药等；

b. 生产时的问题，如是否早产等；

c. 孩子出生时的体重；

d. 出生后的问题；

e. 严重的疾病或受伤情况；

f. 任何发展上的迟缓，如坐、爬、走、说话、大小便自理等。

22. 专业诊断是怎样进行的?

专业机构对 ADHD 儿童的诊断,一般主要采用行为评估方法,但要从多方面、多角度同时收集信息,以确保诊断结果的科学性和准确性。诊断一般由专业的医生或学校心理学家来进行。他们一方面要从老师和家长那里获得有关儿童行为表现的资料,同时还要对儿童进行直接的观察以获得第一手资料。一般来说,对 ADHD 儿童的评估由如下几个部分组成:a.对家长和教师进行访谈;b.由家长和教师填写问卷;c.在不同的环境中或者在变化的实验条件下,对儿童的行为表现进行观察。具体来说,对 ADHD 儿童的诊断主要由以下三个步骤组成:筛选;采用多种方法进行评估;对评估结果进行解释。

(1)筛选

此阶段需要了解的问题主要是:

① 该儿童是否有 ADHD 方面的问题?

② 是否需要对他进行进一步的评估?

筛选过程是通过对教师和家长进行访谈,以明确儿童的具体行为问题,并了解可能诱发或维持儿童这些行为问题的环境因素。通过教师和家长填写相应的问卷,获得儿童行为问题发生的频率等相关信息。

在最初的访谈过程中要着重了解儿童行为问题发生的频率、强度以及持续时间。同时还要了解问题发生时的各种环境因素,如同伴的行为、任务难度等。

（2）运用多种方法进行评估

该阶段要回答的问题如下：

① 该儿童在 ADHD 相关症状上体现的程度如何？

② 是什么因素（如生物因素，环境因素）导致这些行为问题？

③ 这些问题的频率、持续时间和强度如何？

④ 这些行为经常在什么样的背景下发生？

该阶段主要是从各个不同的方面，应用多种评估方法来对儿童进行诊断。首先，医生或学校心理学家要确定学生的问题行为、环境因素以及各种历史因素。学生的老师和家长要填写一些问卷以便确定该学生的问题严重程度，以及与正常同龄儿童之间的差异，同时还要确定这些问题行为是否有跨情境性，是否该学生在不同的成人面前都有相似的行为问题。最后，还要对学生的行为进行直接观察，并且收集有关他的学业成就方面的信息，以及他的这些行为问题对他的社会交往和学业造成的影响。

在这个阶段主要的测评方法有：教师访谈；了解学业成就；家长访谈；家长评定；教师评定；直接的行为观察；测量学业成就。

a. 教师访谈。该阶段不仅要参照 DSM-IV 标准要求教师对儿童的行为问题进行详细描述，还要了解儿童是否有对立违抗障碍（ODD）、品行障碍（CD）、学习障碍（LD）、情绪障碍（ED）等。这是因为，一方面，有些表面看起来符合 ADHD 的症状实际上可能是由其他问题引起的。比如，有些患有抑郁症的儿童就会表现出注意力不集中的问题。另一方面，正如我们前面提到的，很多 ADHD 儿童都同时伴随其他障碍，其中最常见的就是对立违抗行为，约有 40%~65% 的儿童伴有此障碍。而且，对 ADHD 儿童的行为与情绪问题进行详细诊断有助于日后的干预治疗。

除此之外，教师还要提供有关学生社会交往情况的信息。比如，该生的交往风格是否受同伴欢迎。许多 ADHD 儿童在与同伴的交往过程中经常会表

22. 专业诊断是怎样进行的？

现出控制性、攻击性，因此他们通常不被同伴接纳。

b. 了解学业成就。该阶段主要是了解儿童平时的课堂表现与学习中可能存在的困难。一般学生的在校记录通常包括该生的学习习惯以及课堂纪律方面的信息，ADHD儿童通常在这一项上得分都低于年级的平均水平。比如，对于ADHD学生，他的在校记录中通常会包括不能按时完成作业、上课时未经允许频繁说话、坐不住等问题。

c. 家长访谈。对家长的访谈主要是要了解三方面的信息：首先，需要了解儿童问题行为的具体表现以及发生频率。与教师访谈一样，在这一过程中还要了解该学生是否有情绪问题（如焦虑）或其他可能导致注意力不集中的潜在障碍。其次，需要了解儿童的早期发育情况。这主要是确定儿童表现出来的与ADHD有关的行为是在多大开始出现的。有研究表明，在入学前，ADHD儿童的早期行为就主要表现为活动过度和难以控制自己。但是，在很多情况下，父母在儿童入学后才发现这些问题，此时，对儿童问题行为的解释就需谨慎，有时这些问题的出现是由于学业任务要求的增强导致的，也可能由于父母缺少教育经验或者对儿童期望太高，把儿童的正常行为严重化了。最后，还需要了解该儿童的家庭成员中是否有人曾有注意力问题、情绪问题或学习障碍等问题。因为有研究表明，ADHD可能会遗传，如果家庭成员中曾有人患有ADHD，那么他的后代患ADHD的概率就大大增加了。还有研究发现，在27%~32%的ADHD患者中，ADHD儿童的母亲都曾有过抑郁症病史。同时，在ADHD儿童的家庭中，父亲有反社会行为的概率要比正常家庭高。

d. 家长评定和教师评定。该阶段需要教师和家长填写一些问卷来使儿童的问题行为更加明确化和量化，以便于医生确定儿童的行为的严重程度以及是否伴随其他障碍。如果家长和教师在访谈过程中还反映儿童有其他方面的问题或障碍，医生或学校心理学家需要对这些问题提供相应的问卷让家长和教师进行评定，这样可以获得相应的量化信息，使问题更加明确。

e. 直接的行为观察。虽然访谈法和问卷法能够提供关于儿童的一些基本信息，但是在访谈和填写问卷的过程中，很难避免家长和教师的主观偏见的影响，因此，还需要借助于直接的行为观察，来获得更加客观的第一手资料。一般来说，行为观察每次会持续 10~30 分钟，医生或学校心理学家会在不同的情境下（如数学课，课间操，家里）对儿童进行多次反复观察，记录问题行为发生的频率、持续时间以及儿童交往风格，与同伴关系等内容。在观察过程中，医生会参照标准的关于 ADHD 的行为核查表对儿童进行系统观察。

医生和学校心理学家还可以借助实验法来对儿童进行观察，持续操作测验（Continuous Performance Test，简称 CPT）测查儿童是否患有 ADHD 的经典测验，它利用计算机来测试儿童的选择性注意力能力、持续注意能力以及冲动行为等。测验一般持续 20 分钟，不仅能够提供关于儿童注意力方面的量化指标，而且由于测验时间长，任务相对枯燥，医生可以在测验过程中对儿童的行为进行观察（比如：东张西望、频繁询问测验时间、敲打键盘等）。

f. 测量学业成就。有很多 ADHD 儿童都会在学习中遇到不同程度的困难，因此对儿童进行学业方面的测试也是非常必要的。以往研究发现，ADHD 儿童由于注意力不集中、粗心等问题，他们常常不能完成全部的任务或者是正确率非常低。主要的测验有识字量测验、阅读理解测验等。因为有研究表明，很多 ADHD 儿童都伴随不同程度的阅读障碍。一般都采用常模参照测验，将儿童的成绩与常模团体进行比较，来获得更科学、客观的信息。测验中主要对儿童的完成数量、完成时间和正确率等指标进行了统计。

（3）解释结果（诊断/分类）

该阶段需要回答的问题主要有：

① 根据家长和教师的报告，判断该儿童的行为特征是否符合注意缺陷/多动障碍？

② 该儿童所表现出来的有关 ADHD 的行为问题的发生频率是否显著大于正常对照组儿童？

22. 专业诊断是怎样进行的？

③ 该儿童在多大时开始表现出 ADHD 症状，这些行为是否具有持续性和跨情境性？

④ 儿童表现出来的 ADHD 症状是否可能由其他问题（如学习困难）或因素（教师对活跃行为不能容忍）引起。

第二部分

发展篇

23. 婴幼儿会有注意缺陷/多动障碍吗?

由于婴幼儿阶段儿童的身心发展不成熟,因此这个年龄段的孩子一般是不能被诊断为注意缺陷/多动障碍(本节后文除特殊注明外一律简称 ADHD)的。而国内外几乎也没有关于婴幼儿 ADHD 的研究,所以我们无法对婴幼儿 ADHD 的临床特征做精确的描述。但是鉴于 ADHD 对孩子将来学习的影响,家长应该从婴幼儿阶段开始对孩子进行注意力方面的训练,以预防孩子长大后出现注意力问题。

婴幼儿的注意力发展和成人是有区别的,这种区别体现在幼儿的注意力保持时间本来就比成人短暂。作为家长一般不要进行横向比较,关键要看他是否对所有的事物注意时间都一样短,还是对自己喜欢的事物注意长一些,对不喜欢的事物注意短一些。如果是后者,就不要简单推断孩子属于 ADHD。最重要的是家长要看一下孩子的注意力与自我控制能力的落后是否影响了他的做事或学习,是否引起了老师和同伴的过度反应,是否妨碍了孩子自身解决问题的能力,如果不是,就不必大惊小怪。

24. 注意力障碍与微量元素铅有关系吗？

和注意力关系最密切的微量元素是铅。铅中毒的孩子一般都伴随着注意缺陷。摄入含铅量过度的饮食（不一定达到铅中毒）也会导致多动。

儿童铅摄入的途径很多。饮食是一个方面。铅尘大多在距地面 1 米以下（铅浓度比 1 米以上高 16 倍），儿童通过呼吸摄入体内的铅远远高于成人。乳儿的毒物污染主要是来自母亲。母乳喂养，皮肤或衣服上的毒物会通过皮肤接触影响孩子。乳儿喜欢用嘴去探索世界，婴儿喜欢吃手、咬指甲等，这也带来一定的铅摄入风险，成人应该确保孩子能够接触到的环境是"零铅"或"低铅"环境。铅可以用肥皂洗掉，饭前认真洗手等好习惯能够让孩子更安全。

25. 父母吸烟、饮酒与孩子注意缺陷/多动障碍有关吗?

吸烟是否也与 ADHD 的发病有关呢?国外学者调查后发现,在孕期,如果父母有吸烟史,尤其当母亲是吸烟者时,孩子发生 ADHD 的可能性要明显高于对照组,且与吸烟的量成正相关。国内也有学者调查了 233 例 ADHD 儿童,其中父母一方在母亲孕期吸烟的人为 152 例,占 65.2%,明显高于对照组(43.6%),结果提示如果父母吸烟,则孩子易患 ADHD。

不过国外也曾有报告,香烟中的尼古丁有短暂减轻 ADHD 症状的作用,但尚缺乏大样本报告。目前很难肯定吸烟与 ADHD 有关,有待进一步研究。

国外曾有学者报告,如母亲孕期有酗酒史,孩子长大后 ADHD 的发病率要高于对照组,且酗酒的量越大,发病率越高。国内也有学者调查了 233 例 ADHD 儿童,发现其中父母一方在母亲孕期时有饮酒史为 69 例,占 29.6%,明显高于对照组(8.9%),这提示如果父母饮酒,孩子也易患 ADHD。

但根据目前的研究资料,很难说父母饮酒与 ADHD 有直接关系,这有待进一步研究。

26. 家长如何培养婴儿的注意力？

当孩子在婴儿时期时，家长可以培养和开发他们的注意力。

① **注意要以时间作为保障**。在和婴儿讲话的时候，语速一定要慢，要温柔，以免引起他们的厌倦、急躁和反感。在他们眼前晃动醒目的物体也要慢一些，并要在他们的视野里持续稍长一点时间。在他们的注意力转移到其他事物之前，最好不要将刺激物拿走。

② **孤立的刺激是无效的刺激**。孤立的刺激是很容易被遗忘的。我们必须将简单的一些刺激组合成一个整体提供给婴儿，这样才能提高注意的质量。

③ **刺激物要鲜明、和谐**。婴儿的注意往往由鲜艳的、发光的、移动着的物体或较大的声音引起。父母的脸是最容易得到婴儿的喜欢和注意的，父母要多在孩子面前"露脸"；那些直接能满足婴儿机体需要的事物，如奶瓶、小勺等，也能引起婴儿的注意。

④ **动态、特别是互动更能积累注意**。如果不存在互动，婴儿的注意力会很快转移，他们会寻求一些更特殊的事物。但是一旦存在着互动，情况就会完全不同，婴儿的兴趣会倍增，注意力也会持久。

⑤ **正确命名**。不管孩子能不能听懂，在我们给婴儿提供刺激物，在发现他们的注意力集中在刺激物上时，就要告诉他们刺激物的正确名称。比如皮球，一定都统一说"皮球"或"球"，而不要说"圆圆"。汽车就要说"汽车"或"车"，不要说"嘟嘟"。

27. 婴儿注意力培养的游戏有哪些?

① **在宝宝的床头悬挂一些颜色鲜艳的彩球或者彩带,慢慢摇动让他看**。这种方法适宜于新生儿,可以有效地促进新生儿的视觉发育。

② **追灯光**。用薄红布包着手电筒,距离新生儿 10~30 厘米的位置给新生儿看红光,上下左右慢慢移动手电筒,每秒移 3 厘米左右。这种方法可以很好地练习婴儿眼球协调和注意力的跟随能力。

③ **爱语呢喃**。面对面和孩子谈话,对孩子赞美,讲简单的故事或唱些简单的儿歌,设法吸引新生儿的视线追随你移动。

④ **捉迷藏**。在家里经常跟孩子玩捉迷藏的游戏,比如藏在障碍物后,让孩子寻找,也能有效地训练儿童的注意力。

28. 培养幼儿注意力所遵循的原则有哪些？

① **利用宝宝的好奇心**。父母可以选择有玩偶跳舞的音乐盒，如会跳的小青蛙、会敲鼓的小木偶等玩具让宝宝集中注意力观察、摆弄，以此训练他集中注意力。

② **训练注意的目的性**。在日常生活中，父母可以训练宝宝带着目的去自觉地集中和转移注意力，如问宝宝"妈妈的衣服去哪儿了"、"桌上的玩具少了没有"等。这样有目的地引导婴幼儿学会有意注意，可让他逐步养成围绕目标、自觉集中注意力的习惯。

③ **提供广泛刺激**。广泛刺激是指人有意地扩大刺激的广度和维度。对于婴幼儿，主要还是由成人为他们提供广泛刺激的条件。

④ **从孩子感兴趣的事情着手**。如拿本相片簿，为孩子讲述他出生、成长的故事；欣赏孩子的劳作，听听他的小脑袋里在想什么；和孩子一起观察渔港里的小鱼、池塘里的蝌蚪等。

⑤ **用孩子能够听得懂的语言**。如果家长用平淡乏味的语言给孩子讲故事，孩子的注意极易分散，只有用生动有趣的语言时，才能收到良好的效果。

⑥ **别经常打断宝宝的行为**。这个阶段的幼儿，对见到的一切都充满好奇，正是注意力高度集中的时候，做父母的要尽量减少去打断孩子的活动。

⑦ **从 1 分钟开始**。孩子只要保持 1 分钟的专注力，就给予称赞，再逐渐延长到一次 5 分钟、10 分钟。赞赏、鼓励是学习的重要因素。

29. 培养幼儿注意力的小游戏有哪些？

① **静态游戏**。拼图、棋类、穿珠子等静态的游戏一般比较能够得到宝宝的喜爱，有的小孩能够玩 20 多分钟，家长可以先从这类静态游戏入手，让孩子从简单任务的完成中享受成就感，以训练短时间的注意力，然后，再慢慢加深游戏的难度、延长游戏的时间，以延长孩子的耐力，增进专心度。

② **拍球数数**。由一个孩子或大人拍球，每拍一下，让别的孩子数一个数，拍到一定数时，突然停下，看孩子能否说对拍球的总数。

③ **物品变位**。在桌子上摆几件物品，让孩子看清楚后，令他转过身去，将物品变换位置或取走其中的一两件物品，再让他转过身，说出物品的变位，或者说出被取走的物品名称。

儿童注意力障碍 100 问

30. 家长如何通过讲故事培养幼儿的注意力？

① **布置任务法**。讲故事前给幼儿布置一些任务，比如：记住主人公及其主要特征，了解故事的主要情节等。让幼儿带着任务去听故事，可以使他逐步学会根据需要，而不是仅凭兴趣，把自己的注意力集中起来，这有利于培养幼儿的有意注意。

② **巧设疑问法**。可以利用故事内容巧妙设置问题，引导幼儿进行思考，调动思维的积极性。问题要有启发性，能激发儿童去动脑筋思考。难度要适中，让儿童在知识和经验的基础上，能通通做出回答。

③ **鼓励提问法**。问题是发展思维的起点，对幼儿的好问题要加以鼓励，并引导幼儿从故事中找出答案。还可教给幼儿通过查找别的图书资料、做实验等方法来寻求答案。这些方法都可以很好地训练儿童以任务组织自己的注意。

31. 如何培养幼儿良好的行为习惯？

好的习惯的培养是预防 ADHD 的有效手段。平时父母也要以身作则，给孩子树立榜样。一般来说，对孩子的成长有本质意义的小事有以下一些：

① 按时起床、睡觉、不赖床，在适合的年龄自己穿衣服，并且不要磨蹭。

② 玩具用过就要还原。

③ 把自己的衣服、鞋子摆放整齐。

④ 写字或者画画之前，先准备好学习用品，一旦开始做事情就不准再吃零食。

⑤ 自己收拾自己的书包，物品要摆放整齐。

⑥ 头一天准备并检查第二天上学需要的物品。

⑦ 学着整理自己的房间，把所有的东西摆放整齐，拿了东西要及时归位。

32. 儿童的注意力问题青春期后会自动消失吗？

有一种观点认为，儿童的注意力问题不是什么大毛病，会随着儿童年龄的增长而自动消失。这一看法是完全错误的，只有少部分 ADHD 儿童的症状在青春期后会自动消失。总体上说，他们升中学后，虽然不那么多动了，但注意力维持的时间仍然很短。

到了青春期，虽然儿童期的多动和注意力不集中这些典型症状有明显的减轻，但与同龄人相比仍然可以觉察出来，因此注意集中困难和冲动行为仍然是主要的特征。

国外的一项研究比较了 ADHD 青少年与一般的青少年同父母的争辩冲突，同时也比较了 ADHD 青少年与父亲和母亲之间的冲突有无不同。结果表明，ADHD 青少年与父母之间的争辩冲突比一般青少年多。让人惊奇的是，这些 ADHD 青少年的母亲反映出来的与孩子之间的冲突是父亲的两倍。如何在不伤害彼此关系的前提下处理好孩子与家长之间的冲突，对于父母来说是一个极大的挑战。

ADHD 儿童在社会关系和情绪方面，比同龄人表现幼稚，更像幼小的儿童，比一般的青少年更善变，在面对批评时自我防御更加强烈。

ADHD 儿童会比一般的青少年需要更多的帮助和介入，他们的先见之明、后见之明、计划、为目标而努力的能力会慢慢发展起来，但仍然比一般的青少年慢一些。

33. 家长应该如何教育青春期的注意缺陷/多动障碍孩子？

青春期的孩子有特殊心理规律，如爱逆反，所以家长要学会控制自己的情绪。

① **改变自己不正确的期望**。亲子冲突常会使家长认为孩子的"态度"有问题，事实上，家长的态度也可能有问题，如果家长希望孩子改变态度，自己也得先改变自己的态度和想法。

② **建立明确的家规和外出规则**。青春期的孩子会想各种办法来摆脱父母的控制，如果你认为自己的孩子叛逆性很强，不妨运用一下民主的方式，让他参与到家规和外出规则的制定过程中来。

③ **父母要保持一致，执行并落实家规**。监督和执行家规比制定家规更加重要。父母的意见和要求保持一致就显得更重要了，父母要齐心协力来监督和执行家庭规则。

④ 与孩子进行正面有效的沟通。

⑤ 以解决问题的心态来处理意见不和，而不是随意地说说而已。

⑥ **给自己放个假，让身心都得到放松**。家长应该给自己放个假，让身心都得到放松，保持幽默感，在痛苦中创造快乐。一年当中家长至少要与ADHD孩子分开几次，这样彼此都可以休息一下，使身心都得到放松的同时给自己充电，再迎接新的挑战。

34. 父母应如何帮助注意缺陷/多动障碍孩子建立良好的行为习惯？

要想帮助注意缺陷/多动障碍孩子建立良好的行为习惯，父母应做到以下几点：

① 要制订出家庭良好行为的基本规则，并要求家中每一个人都按要求去做。如外出回家要洗手、最后一个离家的人要关好电灯等，孩子起床、吃饭、玩耍、作业、看电视、游戏、睡觉都要有规律等。可将这些规则张贴在家里的醒目之处，也可用图示。同时还要让孩子知道，如果做到或破坏了规则时该怎么办？奖励和惩罚的条款是什么？

② 如果孩子按照规则做了，就应该立即受到表扬和奖励，以巩固已有的好习惯；如果孩子没有按规则去做，就应及时对孩子进行批评，以克服缺点，避免重犯错误。

③ 良好行为的养成有一个过程，正常儿童也会出现反复现象，而ADHD儿童虽然明白这些道理，但自控能力差，因此对ADHD孩子建立良好的行为一定要有耐心，允许孩子出现反复，但通过表扬让他懂道理，不断的表扬让他习惯成为自然，建立起良好的行为习惯。

④ 家长要以身作则，否则就会失去家长的"威严"，对孩子产生不良影响，影响家庭中良好行为习惯的养成。

35. 什么是正面的和负面的沟通方式?

家长与子女的沟通方式可以分为正面和负面的,有利于沟通和积极情绪表达的就是正面的沟通方式,而相反的就是负面的沟通方式。

(1)正面的沟通方式

愤怒时克制自己不用伤人的字眼

明确告诉对方"当你……的时候我很生气"

以简短的方式轮流说话

明确指出对方正确和错误的地方

仔细倾听对方的话,然后平静地提出自己的想法

用直接而简短的话说明自己的想法

保持目光的接触

做好沟通的准备

用正常的语调说话

谈完一个话题再说另外的话题

尽可能地分析事情,不要马上说到结果

讨论目前存在的问题

给对方表达意见的机会

口气温和

说出自己的感受

放松，从一数到十，离开房间

认真一点，即使是对待一件小事

承认自己所做过的错事

承认没有人是完美的，略过一些小节

（2）负面的沟通方式

生气地叫对方的名字

贬低对方

互相打断对方的谈话

总是在以批评的语气说话

被对方攻击时就自我防御

一大堆的说教，大道理

说话时不看对方

对方说话时爱理不理的样子

用讽刺的语调讲话

离题

总是说最坏的结果

翻旧账，只看一点，片面

站在自己的角度说对方

命令

冷漠以对

撒手不管

轻视问题的严重性

否认你做过的事情

为一些小错而喋喋不休

第三部分

行为认知篇

36. 你了解孩子们的听知觉能力吗?

听讲能力又叫作听知觉能力,是儿童重要的学习能力。许多注意缺陷的儿童在听讲能力上都比较落后。有专家曾做过统计,小学生大概50%的上课时间是在听老师讲话。但我们却经常会遇到这样一些儿童:上课不能长时间专心听讲,注意力分散;常常充耳不闻,无法理解老师课堂讲授的知识;记不全或记不住老师口头布置的作业和事情;当复述老师所讲的内容时,显得语无伦次……孩子这些上课不注意听讲的问题常常困扰着家长。听讲,是人们获取信息的重要途径,听讲能力的高低是决定孩子能否聚精会神听讲的重要因素。听觉训练可以有效地改善儿童的注意力水平以及听课质量。

听知觉学习能力是有结构的。它包括:

① **听觉辨别力**。听觉辨别力是指接受和辨别各种声音的能力。一般而言,对声音或语音差别较大的听觉刺激,儿童较易分辨。如果声音接近,差别较小,则较难分辨。

② **听觉记忆力**。听觉记忆力是指儿童能保持并复述所听到的信息的能力。记忆力是学习的基础,而听讲是儿童上课的主要活动。因此听觉记忆力将直接关系到儿童学习的效果。

③ **听觉编序力**。听觉编序力是指儿童将过去听觉获得的资料以详细的先后顺序回忆出来,以及将听觉信息加以组织使之有意义的能力。它对儿童将听觉的知识有系统、有组织地保留下来是非常有帮助的。听觉编序力是以听

觉记忆力为基础的。

④ **听觉理解力**。听觉理解力是指儿童能辨识声音以及了解说话的能力。

⑤ **听说结合力**。听说结合力是指儿童能听懂别人所说的并做出较复杂而有意义的语言反应的能力。在现实生活中，听说总是密不可分的，如：听讲与发言。听说结合是一项复杂的活动，它涉及儿童对词汇的联系、推理、判断等多种能力。

37. 听知觉落后主要表现在哪几个方面？

根据上述对听知觉能力的描述，我们可以了解儿童听知觉能力落后的行为表现。

① **听觉辨别力的落后**。此种情况下会对相差不大的语言或语音产生混淆，从而使语言的接收出现错误。如：儿童发音不准，却无生理原因；孩子听不清或记错了老师的作业；对声音反应迟钝，很难听清环境中的声音；缺少倾听的态度。

② **听觉记忆力的落后**。听觉记忆力差的孩子，往往表现在：听觉记忆的广度小，记不全较长的信息；不能复述以前听到的信息，如：忘记老师口头布置的家庭作业；由于忘得快，儿童不能将新旧知识联系起来，因此，理解力水平低，学习成绩差。

③ **听觉编序力的落后**。儿童听觉编序力低下主要表现在：说话缺少逻辑，常常丢三落四，语无伦次。

④ **听觉理解力的落后**。有些儿童虽然智力水平、知识结构具备了听课能力，但对教师的讲课内容充耳不闻，原因之一就在于听觉理解力差。听觉理解力差的儿童往往听不懂词意、句义，听不懂老师的讲课内容；注意力分散；难能确定两个听觉概念之间的关系。如：草是绿的，天是蓝的等。

⑤ **听说结合力的落后**。听说结合力差的儿童往往会缺少基本的口述技能，经常是话到嘴边却不知如何表达；词汇贫乏，常用动作、手势来代替说话，人际沟通困难。

儿童注意力障碍 100 问

38. 如何提高儿童的听觉辨别能力？

听觉辨别能力是听知觉能力的基础，也是第一个环节，尤其是年龄小的儿童可以加强这方面的能力的提升，具体来讲可以从以下几方面入手。

① 在孩子的房间中藏些发声物品，让儿童辨别声源方向并将物品找出来；还可以让儿童听声音找图片，等等。

② 凡是日常生活环境中的声音皆可有选择地录下来，让儿童听音辨别。如：钟表声、乐器声、交通工具声、人的说话声……儿童倾听的声音多了，自然会提高对声音的反应速度。

③ 让儿童分辨相近音的大小、快慢、长短的区别；识别相似语音，如：眼睛/眼镜，等等。在语音识别过程中，要注意儿童视、听、动的结合。

39. 如何提高儿童的听觉记忆能力？

在分辨了声音之后，就要把它们记住，这样才能进行学习，具有听觉记忆落后的儿童远比分辨落后的人数多，所以听觉记忆更加重要。

具体来讲可以从以下几方面入手：

① 家长可以说一个词或一个句子，让儿童重复，然后逐渐增加字句的长度，一定要从简短的词汇或短句出发让儿童进行即时仿句的训练。

② 训练儿童经过一定的时间间隔来回忆并准确复述先前听到的信息的延时仿说的能力。

③ 培养儿童背书的能力。

儿童注意力障碍 100 问

40. 如何提高儿童的听觉编序能力？

编序比记忆更进一步，它不仅涉及识记，而且涉及理解和工作记忆，要对事物进行顺序的分类和理解，进行排序和抽象，人类的记忆是分组块进行记忆的，也就是说，将相同的、不同的信息进行整理，形成更大的单位进行记忆。

训练听觉编序具体来讲可以从以下几方面入手：

① 帮助儿童认识材料可以编成先后顺序的道理，告诉他们一些编序的常见词汇，如"下一个"、"先"、"再"、"最后"等，然后练习一些简单的句子。

② 利用视觉线索引导儿童注意听觉刺激的顺序，如对照故事发展的图片来听故事或者在听完一个故事后，练习将有关故事的图片排成正确的顺序等。

③ 进行数字的顺背、倒背训练。

④ 通过让儿童听音辨认一对序列文字或数字的差异来训练听编序能力。

⑤ 背诵短小精彩的文章。

⑥ 故事重新排序或者续编、复述故事。

41. 如何提高儿童的听觉理解能力？

理解是所有学习的最终目的，而且只有理解的东西才能变成长时记忆，其实所有课堂上都是训练听觉理解的过程，儿童的听讲过程就是听觉理解的过程。

具体来说家长可以从以下几方面提升孩子的听觉理解能力：

① 帮助孩子建立倾听的态度。如变化声音的高低或速度，引起孩子注意或要求孩子服从口令并指出所听到的指令中的错误等。

② 将所听信息与图画、动作配合起来，使意义更清楚。

③ 充实儿童的词汇，增强词汇理解。可以选择那些与儿童的日常生活较为密切的词汇，把它们混合进儿童容易理解的句子中，用日常生活对话的形式进行交流。

④ 通过让儿童将他人未说完的话补充完整、听故事回答问题、续编故事等方法来训练孩子的思维的逻辑性和变通性。

在现实生活中，听与说总是密不可分的，不会听讲的孩子，说话往往语无伦次。听与说的结合涉及儿童对听到词汇的联想、推理、判断等能力。所以，听说结合能力也是听知觉的重要内容。我们通过学说同义词、反义词、听音乐进行联想，将句子补充完整，听故事自编故事结局等形式来训练儿童这方面的能力。

42. 如何训练注意缺陷/多动障碍儿童的听觉—动作统合能力？

要训练 ADHD 儿童的听觉—动作综合能力，需做到以下几点：

① **听指令做动作**。家长给儿童发出语言指令，让儿童听到语言指令后做动作。如说"左手向前伸"、"踢右脚"等。家长可以根据儿童的进步情况逐步地提高动作指令的难度。

② **走步合拍**。让儿童站好，提供各种不同节奏的音乐，让儿童跟着音乐的节奏，完成迈步的动作。从简单的节奏开始，逐步提高乐曲的难度。当儿童把各种简单的节奏都掌握之后，就可以把各种节奏的乐曲都剪辑到一起。

③ **闻乐而动的游戏**。给儿童放音乐，让儿童自由地做动作，当音乐停止时，儿童也要停止，保持一动不动，直到音乐再次响起。反复进行直到儿童熟练掌握。这种游戏也能很好地锻炼儿童的听—动统合能力。

④ **"抢椅子"的游戏**。椅子比儿童总数少一个。音乐响着时，儿童围着椅子围成的圈飞快地走。一旦音乐停止，儿童必须迅速地坐到椅子上。没抢到椅子的儿童就要被淘汰。如此反复进行，直到剩下最后一个孩子，他就是最后的胜利者。

43. 你了解视知觉学习能力的落后吗？

在写作业时，视知觉起主要作用，大约有 70% 的信息要通过视知觉传递给大脑。有心理学家甚至说，"视知觉就是智慧"。一些注意力缺陷的儿童写字马虎、速度慢、经常写错别字，作业的质量和速度比同龄人落后，如果我们进行视知觉分辨能力、视知觉记忆能力和视—动统合能力的训练，则能够改善他们的书写能力，缓解他们在学习过程中的注意力不集中现象。

44. 视知觉能力主要包括哪几个方面？

① **视觉注意力**。它包括以下几个方面：

a. 东西出现在眼前，能不能注意到；

b. 注意到了之后，能不能保持，保持的时间是多少；

c. 注意的选择，如果眼前不止一个对象，要选择注意哪一个，忽略哪些不相关的；

d. 注意的分配，必须同时注意两件事物以上的时候，能够妥善分配及应用。

② **视觉记忆力**。把现在看到的东西和以前的经验做比较，加以分类、整合再储存在大脑中，即所谓的视觉记忆。例如：妈妈一开始指着狗，告诉小明这是狗，小明看到狗有四只脚的特征，日后只要看到四只脚的就会说这是狗，直到记忆累积越来越多，分类越来越细，就能进一步发展出辨别各种事物的能力。

③ **视觉分辨**。能认出物品之间特征的异同点，接着进行配对。例如：小朋友从经验中知道不只是狗有四只脚，猫、狮子、长颈鹿都有，会正确地区分彼此的不同。另外还包括辨认东西的颜色、质地、大小、粗细、形状大小、位置、环境改变。例如：小朋友的杯子被东西挡住一半，或是翻倒在桌上，虽然形状不完整，或放的位置不对了，但他还是认得出那是自己的杯子。

④ **视觉想象**。能想象出不在眼前的具体物体，比如：老师说"画一朵花"，孩子听到之后能够想出花的样子，最后画出正确的东西。

45. 如何通过训练来提高儿童的视知觉能力？

家长可以进行如下训练来提高儿童的视知觉能力：

① **视觉记忆训练**。如果在短时间内能记住所看到的学习材料，速度就能提高，为此，可以让孩子看一幅图画 1~3 秒，然后画下来，要求与原来的画一样。

② **视觉追踪训练**。如将一个球用线吊在房顶上，摆动这个球，让孩子用眼睛注视这个球，或者将一个球放在一个盆子里转动，让孩子注视这个摆动的球，也可以提高视觉的注意力。

③ **训练儿童的视觉分辨能力**。一种是让儿童经常性地指出、评论所见到的事物间的不同之处，或让儿童指出一个镶嵌性图形中的各种图案的训练；另一种是让儿童将物体从背景中有意义地识别出来的训练。

④ **训练儿童的视觉联想能力**。可以通过以下三种方式来进行：

a. 让儿童看一些模糊的物体，然后想象它像什么，并用语言把它描述出来；

b. 利用生活中的一些东西，如用铅笔屑拼图，用一些玩具装饰屋子等来锻炼联想力；

c. 提供给孩子不同的图片，然后让他在其中挑选两张，并说出它们之间的联系。

⑤ **小肌肉的训练**。如对墙推球，打羽毛球，学习用筷子将玻璃球从一个碗里夹到另一个碗里等。这一训练可以提高手腕和手指的肌肉灵活性和力量。

儿童注意力障碍 100 问

46. 提高阅读能力对于克服注意缺陷有帮助吗？

有，而且作用非常大。你也许认为阅读与注意力无关，其实很有关系，因为许多 ADHD 儿童只是阅读时注意力不集中，或涉及文字学习时注意力不集中，而在别的方面则没问题，如图形和电脑游戏。阅读需要字形和字音的转录与解码，这对于一些 ADHD 儿童是枯燥的任务，因此为了克服注意力缺陷，家长一定要加强孩子的阅读训练，如何进行这样的教育呢？

① **为孩子创设良好的语言环境**。人的语言能力是在 3~8 岁形成的。家长应当为幼儿创设并引导孩子接触一定的阅读环境，在与环境的互动过程中加强早期阅读训练，培养孩子的早期阅读能力。早期阅读活动重在为孩子提供阅读经验，因而需要向孩子提供含有较多阅读信息的教育环境。

② **选择适合 ADHD 儿童年龄特点的阅读材料**。在为 ADHD 儿童提供阅读材料时应注意以下几点：

a. 图画色彩鲜明、容易吸引儿童的注意。

b. 与 ADHD 儿童生活有关，图画内容简单有趣，能让儿童有兴趣看下去，并让儿童有发挥创造力和想象力的机会。

c. 文字正确优美，朗朗上口，句型短而重复。

d. 不同年龄的 ADHD 儿童有着不同的认知特点。年龄较小的 ADHD 儿童阅读材料以人物形象突出、画面背景简单、内容浅显的一页单幅图书为主；

46. 提高阅读能力对于克服注意缺陷有帮助吗？

年龄较大的 ADHD 儿童则以单页多幅平面的图画书为主。

③ **适时为 ADHD 儿童调整阅读内容**。家长应巧妙地安排难易程度不同、类型不同的阅读材料，把儿歌式和故事式的阅读材料轮流呈现，使儿童学习不同的语言表达方式，获得不同的语言体验，从而体验阅读的乐趣。

④ **为儿童提供自由阅读的机会和场所**。家长应利用一切机会和场所引导孩子阅读，将季节的变化、动植物的生长规律、儿童的日常生活与阅读教学相结合，让 ADHD 儿童充分享受书面语言，潜移默化地接受有关方面的知识。同时，还应尽量为儿童提供时间和机会，让儿童自由地选择交流对象、交流内容、交流地点，进行阅读交流活动。

⑤ **将阅读活动渗透于一日活动的各个环节之中**。比如：在每个孩子的桌椅、水杯、毛巾、学具、水彩笔上贴上孩子的名字及适当的标记；制作幼儿名字卡点名；活动室的物品上贴有相应的物品名称……

47. 注意缺陷/多动障碍儿童进行数学学习时常表现出来的困难有哪些?

注意力缺陷的儿童学习数学时主要表现在抄写、计算和审题方面,而理解方面问题不多,主要有如下表现:

① 将数字看错及写颠倒;

② 无法记住数字的基本概念;

③ 在计算复杂的题目时有困难;

④ 当试题包含很多题目时,会出现混淆或漏答;

⑤ 写字潦草、花太多时间写数字;

⑥ 在理解数学试题上有困难;

⑦ 刚学会的技巧及概念,很容易又忘了;

⑧ 无法运用数学名词或无法阐释已理解的数学名词;

⑨ 使用问题解决策略时,有选择及监控上的困难。

48. 家长如何帮助数学学习困难的注意缺陷/多动障碍儿童？

在帮助数学学习困难的注意缺陷/多动障碍儿童时，父母应做到以下几点。

（1）儿童出现数学学习困难的症状

儿童如果出现数学困难，会影响其情绪和学习积极性，可能出现如下症状：

① 自我概念及自尊心较低，有自暴自弃的倾向；

② 容易规避责任，将个人的成败归因于外在因素，自我要求不高；

③ 控制时间的能力不足，不能有条理地安排事情的先后顺序；

④ 对数学学习的兴趣降低，而局限于某些自己感兴趣的活动上；

⑤ 常无法完成学校规定的功课或作业；

⑥ 学习方法及态度不好，学习效能差；

⑦ 缺乏主动自律的行为，无恒心；

⑧ 欠缺沟通及表达能力，人际关系不良；

⑨ 出现退缩或攻击行为。

（2）家长帮助数学学习困难儿童的方法

家长一定要及时帮助孩子克服数学学习困难，因为一经落后孩子们就容易跟不上进度，产生恶性循环。

① 家长要进行生活化的数学辅导活动。家长应该通过创设游戏化和生活

化的情境，尽可能开发和使用自由、主动、新奇、富有创意或创造性的辅导策略，来教导有数学学习困难的 ADHD 学生，提升其学习动机、兴趣和学习成效。

② 具体→半具体→抽象概念的辅导流程。抽象概念的学习应由观察与操作具体事物开始，辅导顺序应为具体→半具体→抽象的学习经验，呈现的辅导材料应与 ADHD 儿童的先前知识相配合。

③ 维持温暖、支持与安全的情绪气氛，形成相互尊重而又积极的亲子关系。

④ 尽量减少不必要的外界干扰，生活常规单纯化。营造具体的学习环境，安排有助于学习的环境与结构。

⑤ 适时的反馈，例如在辅导过程中的适时提示，用作业批改或小测验等形式，都能维持儿童的学习兴趣和动机。

⑥ 改善辅导方法，使儿童积极地参与学习活动。

⑦ 简化作业，一次只给一项作业。

⑧ 训练儿童的注意力持久度。

⑨ 辅导内容应符合儿童的现有能力和成就水平；对儿童的优缺点要具有高度的警觉性和敏锐的观察力；不要逼迫儿童参加其能力所不及的学习活动。

⑩ 随时检验儿童的学习过程与结果，适时反馈。

⑪ 采用多元评价方式，定期和不定期地评价儿童的学习进展情形，并随之修正辅导措施。

⑫ 使儿童有机会观察和模仿同伴的好的学业与社交技巧，协助儿童学习与别人共同生活的能力。

⑬ 提供合适的机会让儿童练习、复习和应用其所学的知识与技能。

⑭ 训练儿童独立学习或写作业的能力。

⑮ 鼓励儿童进行创造性的思考。

49. 如何培养注意缺陷/多动障碍儿童的空间方位感?

有些注意缺陷/多动障碍儿童空间能力落后,影响其行为控制,家长可以这样训练:

① **转法练习**。让儿童随口令练习左右前后动作,或模仿家长和教师做转动方向运动。

② **指认方位**。让儿童听从指挥,指认上下、前后及左右等方位,当儿童熟练掌握之后,也可以增加难度,大人说向左,让儿童做出向右的运动,根据口令选择相反的运动和指认。

③ **辨认空间**。指认识空间各物体的位置与形状,如让儿童蒙上双眼,指认某物体,然后再恢复视觉,认识某物的形状和位置。

④ **空间重组**。这是一种按照自己的想象力来重新安排空间的能力。如家长或教师用纸片或木块组成某种空间格式之后,让儿童用此材料另组一空间格式。

50. 如何提升注意缺陷/多动障碍儿童的平衡能力？

平衡与动作控制有关，有些儿童的行为控制能力落后与动作落后有关，而动作不协调涉及平衡能力，所以要训练儿童的平衡能力。

① 让儿童在平衡木上练习前进、后退、单腿站立、接球与抛球等活动。

② 公园中的蹦蹦床是练习平衡的一个很好的手段，让儿童在上面随意做各种动作，维持身体的平衡。

③ 可以让儿童手端一杯水，在一定时间内不让水洒出来，或者让儿童将一杯水，从左手换到右手上。或者更难一些的，让儿童端一杯水进行身体旋转运动，不让水洒出来。

④ 让儿童在一个较暗的室内通过一些障碍物，维持身体的平衡。

⑤ 像练习芭蕾那样训练儿童用脚尖走路，看他们能否维持身体的平衡。

51. 如何培养注意缺陷/多动障碍儿童的时间感？

所谓的时间感指的是儿童对时间的感知，也可指儿童的时间观念。例如，许多孩子不知道今天是几月几日，不知道一年有几个季节，现在是什么季节。还有的孩子没有星期几的概念。较复杂一点的时间感是对钟表的指认，知道现在是几点钟了，是上午还是下午。

家长如何培养注意缺陷/多动障碍儿童的时间感？

① 可以给儿童准备好一个描述四季景色的画面，让儿童指认。

② 可以给儿童准备一个日历，让儿童每天上幼儿园时都撕掉一页，并记住是星期几，或几月几日。

③ 培养儿童听天气预报的习惯，因为天气预报上不仅预报了天气，而且说明了今天是几月几日，看天气预报可以增加儿童对日期的直观认识。

④ 时间估计练习。先教儿童分和秒的概念，待儿童掌握后，点燃一支蜡烛，让儿童判断蜡烛烧完后，用去了多少时间。

⑤ 过生日时，让儿童计算自己的年龄，并学会用月来表达自己的年龄。

⑥ 当儿童写字时，家长可有意地计算时间，然后用一个等级表示现有时间，如果儿童用的时间有所减少，就给予一定的奖励。

52. 如何培养注意缺陷／多动障碍儿童的坐姿？

儿童的学习离不开正确的坐姿，如果儿童不能长时间地坐着，学习的集中程度必受影响。家长可以让儿童端坐在靠背椅上，为使儿童产生兴趣，可让其头顶数本书，并计算其顶书的时间长短。如果儿童不能长时间地坐稳，家长也不必着急，因为坐姿是与身体其他部位肌肉的发展有一定关系的，如背部的肌肉和腰部的力量等。这时应当先训练其他部位的肌肉力量。

53. 如何培养注意缺陷/多动障碍儿童手眼协调的能力?

(1) 双手配合训练

第一项推荐的训练是双手配合训练。

这是一种非常重要的能力,在人类的日常生活中,有许多工作是需要通过两手配合完成的。此时可以引导儿童在父母的帮助下将玩具一一放入玩具篮中,可以训练儿童把手里的东西换到另一只手上。父母也可以与儿童一起做左手掌拍右掌、右手掌拍左掌的游戏。稍大一点的儿童可以训练其自己系鞋带或者用绳打结,也可以训练儿童把信纸装入信封里。

(2) 绘写能力训练

第二项推荐的训练是绘写能力训练。

绘写能力是学生必须掌握的基本能力之一。它不是一种简单的、机械的反射活动,它需要手眼的协调,需要儿童控制自己腕、手及手指的力量。绘写训练不仅可以训练儿童的动作能力,还可以锻炼儿童的抽象思维能力。

这种训练可以从训练儿童画线开始逐步过渡到画各种有趣的图形,也可以鼓励儿童在沙地上用手作画。有条件的家长可以教孩子练习软笔书法。建议此项训练从培养儿童正确的坐姿及握笔方法开始,因为正确的姿势是书写的基础。

54. 你知道什么是行为矫正法？

在注意缺陷/多动障碍孩子的管理中，行为治疗是一种有效的、基本的干预措施，是其他治疗方法的基础。行为理论认为，异常行为和正常行为一样，也是通过学习而获得并通过强化而保持下来的，因此，可以通过另一种学习来消除或矫正这一异常行为。

行为治疗是一种针对孩子，特别是幼小的孩子的最基本、最有效的方法，是其他治疗方法的基础。其宗旨是改变父母的教养态度，建立一套赏罚分明的家庭管理办法。治疗的成功取决于父母的耐心和恒心。只要坚持下去，一步一步去做，你将会看到你的家庭在改变，孩子在改变。对于年龄较大的孩子，单纯被动地推动就不那么有效了，还需要改变他们的认知。

根据强化和消退的原理，当一个好的行为出现时给予强化，如赞扬、奖励，可以增强该行为的发生频率（正性强化）。当一个不良行为出现时不予强化或有意忽略，会使儿童的不良行为逐渐减少（负性强化）。

在我们的日常生活中，经常会遇到许多受到奖励或惩罚的例子。例如，你从同事那里学会了一种菜的做法，星期天你煞费苦心地做给孩子和先生吃，他们夸一句"真好吃"，于是这道菜就会经常出现在你家的餐桌上，甚至成为你的拿手菜。如果先生皱着眉头匆匆地把菜咽下去，孩子说"不好吃"。那么通常下一次你不会再费这个劲了吧。

行为治疗的基本方法是奖励、消退和惩罚。

54. 你知道什么是行为矫正法吗?

　　如果你想让孩子的一种行为继续下去,那么就奖励他的这种行为。

　　如果你不喜欢孩子的某一行为,但该行为并不造成危险或令人不能忍受,那么就不理睬该行为。

　　如果你必须阻止孩子的一种危险的或无法忍受的行为,那么就惩罚他的这种行为。

55. 如何为注意缺陷／多动障碍儿童制订奖励计划？

奖励对于所有儿童来说都是一种有力的激励方法，奖励可分为：

① **物质奖励**。物质奖励比较简单，很容易增强儿童的某个行为，但也容易被厌烦以致失效。例如，儿童在肚子饱的情况下，他最喜欢吃的东西也不会让他产生食欲，这时，就无法用此方法来增强他的某个行为。

② **社会奖励**。社会奖励在儿童成长过程中十分重要，能促使儿童增加或保持某种行为，而且这类奖励很容易实行。在现实生活中，父母对孩子微笑、点头、紧紧拥抱、拍拍头或肩膀、温柔地抚弄他的头发、用手臂环抱着孩子、一个吻、表示满意的手势、眨眼等都表示肯定。表示肯定的言语有"我喜欢你……""你真是个能干的孩子！""好极了！""你真的长大了！""你的进步真的太快了！"学校里的奖状也属于社会奖励。家长和老师应该教会儿童懂得和感受社会奖励，逐步取代物质奖励。

③ **活动奖励**。指儿童喜好的活动，如打球、游戏、户外活动、郊游、看电视和上网等。

④ **代币法**。代币指替代性的一种纸币，可以自己制作，如换取糖果、饼干等食物。代币积累到一定数额后，可以实现所需的实物或享受某种特权，如出去游玩、周末到爷爷家、换取明星演唱会门票等。这种奖励的优点是可以代换、范围广、灵活性大。但是，这种奖励必须在能兑换成其他奖励时，

55. 如何为注意缺陷/多动障碍儿童制订奖励计划?

才会有增强的作用。

要逐渐改变对于奖励方式的选择。对于幼小的儿童,开始可采用物质奖励,再过渡到代币,换取活动奖励,并逐渐使儿童得到的奖励与正常儿童在相似情况下得到的奖励相似。这样,这种奖励方式可以维持得更久,并且在日常生活中实行,易于得到强化。

56. 如何对注意缺陷/多动障碍儿童实行惩罚？

奖励是为了提高行为发生的概率，但对于家长来说，更加关心的是如何消除不良行为。为了减少不良行为，家长要了解消退法，即对不良行为不再进行强化。

首先要仔细观察，究竟是什么因素对儿童的不良行为起了强化作用。一般来说，父母、爷爷奶奶的溺爱，无原则满足或儿童本人从不良行为中获益都可以起到强化作用。通过找到这些强化因素，停止对某种不良行为的强化，对不良行为不予理睬，使其自行消退。

需要注意的是，在消退治疗开始时，会出现一些情感反应，如哭闹，不良行为发生的频率及强度均会明显增加，如果父母坚持下去，不良行为就会逐渐减少。对于严重的攻击或破坏行为，或严重的自残或伤人者不宜采用消退法。

另一个有效的方法是对不良行为进行惩罚，如何惩罚？

惩罚不是责打，要讲究方法。惩罚具体包括以下几种：

① **自然结果惩罚**。自然结果是继孩子的不良行为后自然发生的事情。例如：不好好吃饭的自然结果是下午饿肚子，不做作业的自然结果就是被老师批评，早上磨磨蹭蹭的自然结果就是迟到，打小朋友的自然结果就是小朋友不喜欢和自己玩。孩子经历了因为自己的行为而产生的后果，可以学会改进

56. 如何对注意缺陷/多动障碍儿童实行惩罚？

自己的行为。父母要在保证孩子安全的前提下实施这些方法，同时切记不要人为介入，例如：孩子中午没吃饭，就给他买零食以补充营养；孩子要迟到了就开车送。要让孩子认识到，这些是由于自己的行为导致的结果，由于惩罚是自然产生的，孩子很少对父母不满。

② **逻辑结果惩罚**。应用逻辑结果来处理不良行为，要保证这种惩罚与不良行为的性质相符合，即惩罚对某一具体的不良行为而言是符合逻辑的，合情合理的。如：不肯刷牙，就不给糖果或甜食吃；用水枪射小朋友，就一星期不准玩水枪。当孩子看到不良行为与惩罚间存在明确而合理的关系时，就会更易于改变行为，同时也不易对惩罚产生不满。要注意惩罚不能太严厉或持续时间太长，如用水枪射小朋友，一个月不准玩水枪，孩子早已忘记了这件事或对水枪丧失了兴趣，那么就失去了惩罚的意义，父母也不容易坚持。

③ **暂时隔离法**。这种方法适用于年幼儿童，当儿童产生令人不能容忍的行为时（如辱骂奶奶，有意攻击小朋友），让他站在某一个特定地方或坐在某一把椅子上，直到所规定的时间。这一策略应在不良行为之后立即应用才有较好效果。

④ **取消特权**。取消给予的奖赏物或让孩子失去某些特权适用于较大年龄儿童，因为这些儿童预先已经知道什么样的不良行为会导致这样的惩罚，对其会有督促作用。

57. 父母应如何帮助注意缺陷/多动障碍儿童建立良好的行为习惯？

建立良好的行为习惯可以预防不良行为的加重，也是治疗注意缺陷/多动障碍的重要措施。父母在家中要对注意缺陷/多动障碍儿童进行行为管理，建立良好的行为习惯，从简单的事情做起，从每一件事做起，可能会起到一定的效果。

① 首先要制定家庭良好行为的基本规则，并要求家中每一个人都要按要求去做。规则应简单、明了，家中所有人都能理解并同意按规则去做。如外出回家要洗手、最后一个离家的人要关好电灯等，孩子起床、吃饭、玩耍、作业、看电视、游戏、睡觉规律等。可将这些规则张贴在醒目之处，也可用图示。同时还要让孩子知道，如果做到或破坏了规则时该怎么办？奖励和惩罚的条款是什么？

② 要应用强化理论，如果孩子按照规则做了，就应该立即受到表扬和奖励，以巩固已有的好习惯。如孩子没有按规则去做，应及时对孩子进行批评，以克服缺点，避免重犯错误。

③ 良好行为的养成有一个过程，正常儿童也会出现反复现象，而注意力缺陷/多动障碍儿童虽然明白道理，但自控能力差，做起来就往往是冲动式的，不考虑后果，所以经常会犯"老毛病"。因此对注意缺陷/多动障碍孩子建立良好的行为一定要有耐心，允许孩子出现反复，但可以通过表扬让他懂

57. 父母应如何帮助注意缺陷/多动障碍儿童建立良好的行为习惯？

道理，不断的表扬让他习惯成自然，建立良好的行为习惯。

④ **当一个良好的行为习惯形成并固定后，可开始新的行为习惯的养成，逐渐扩大良好行为的范围。**

⑤ **家长要以身作则，哪怕再忙、再累，自己都应遵守这些规则。**否则就会失去家长的"威严"，对孩子产生不良影响，影响家庭中良好行为习惯的养成。

58. 家长如何对注意缺陷/多动障碍孩子进行表扬？

有许多家长很容易发现孩子的缺点，而对孩子的优点却视而不见。如孩子放学后能自觉地做作业，家长认为是理所当然的事，没有给予表扬，而当孩子一回家就看电视，父母可能就要大声训斥。

如果在孩子的生活中只有批评、缺少表扬，孩子可能会变得自卑，缺少自信，有时甚至会自暴自弃，还会创造一些消极的故事来引起家长的注意。因此一旦注意缺陷/多动障碍孩子有了优点、长处或闪光点之后，父母都要及时给予表扬或奖励，以巩固已有的良好表现。

① **表扬要及时**。不要换时间或换地方，及时表扬可以收到好的效果，巩固良好行为。年龄越小，表扬越要早，否则就会失去表扬的效果。

② **表扬的方式要恰当**。有的父母常常简单地给孩子买小玩具以示表扬，久而久之，孩子就不以为然了。如果一直用一种方式表扬，孩子就会产生厌倦感，因此可根据不同的年龄、场合和行为采用不同的表扬方式，可交替使用不同的表扬方式，以起到较好的效果。

③ **表扬尽可能具体、明确**。如"你今天按时上床睡觉，妈妈很高兴。""你今天做作业很认真，很好！"以使孩子能了解到自己具体的优点，增强自信心。不可模棱两可，朝令夕改。主要应表扬孩子的行为，而不是人格。

④ **要表扬每一个进步**。如果孩子在某一件事上有些小的进步，家长就应

58. 家长如何对注意缺陷/多动障碍孩子进行表扬？

该及时地表扬。如果对于每一个微小的进步都予以表扬，孩子就会时时得到进步的动力。

⑤ **逐步提高对孩子的要求**。良好行为的形成，既不要急于求成，提出过高的要求，也不要长时间停留在低水平的要求上。当一个良好行为养成后，应逐步提高要求。如果要求孩子认真做作业，开始能做到 15 分钟，就给予表扬，然后逐步提高要求，能认真做 20 分钟才给予表扬。

儿童注意力障碍 100 问

59. 家长应当如何对注意缺陷/多动障碍孩子进行批评？

当注意缺陷/多动障碍孩子有了缺点或错误后，也应予以批评，甚至要惩罚（不是打骂），目的是为了使其克服缺点，避免重犯错误。

① **批评要及时**。当孩子有了缺点或错误后，应立即批评，不要换时间或地方，这样可以收到好的效果。

② **批评要明确**。应避免长时间的说教，避免唠唠叨叨，骂个没完，抓不住要点，这样往往会起到反作用。

③ **批评的方式要恰当**。批评不要过于严厉，不要大声斥责或打骂，可以让孩子一个人待一会儿，静静地想一想自己的错误，或用眼神看着孩子，让他自己去认识和改正不良行为，或要求复述规则。有时，当孩子有破坏规则或不良行为时，可让其暂停，这样可能比大声叫喊、训斥、打骂等的效果好。

④ **适当使用处罚**。当你认为孩子的不良行为较严重时，可适当使用处罚手段。如参加规定的家务劳动、限制看电视的时间或减去原来的奖励等。注意处罚不要太重，让孩子知道不良行为的严重性即可，不能体罚。

要批评孩子的不良行为，而不是人格，否则会对孩子产生不良影响。应

59. 家长应当如何对注意缺陷/多动障碍孩子进行批评？

给孩子改正的机会，不要说孩子"已经不可救药了，怎么也改不了"等，将孩子一棍子打死，这些都会使孩子气馁，丧失自信心。

总之，适当地运用表扬和批评，对于良好行为的养成、消除不良行为是很重要的。

儿童注意力障碍 100 问

60. 家长如何对孩子实施有效的行为管理？

行为管理有一套独特的方法和原则，其重点不是管理孩子的思想态度、学习动机，而是管理孩子的行为，形成对其行为的约束。其方法如下：

① **立即反馈**。一旦注意力缺陷/多动障碍的孩子出现了良好的行为表现，就应迅速给予表扬和赞许，让孩子能立即知道自己做得怎样。"反馈"应该非常明确、特别，越迅速印象越深刻，效果越好。反馈不仅限于口头表扬，还可以是一种许诺，或是特别的玩具和食物等奖励。

当注意缺陷/多动障碍儿童面临令其厌恶、烦恼的事情时，他们就会产生一种去做其他事情的冲动，这常导致儿童在瞬间发生不恰当的行为。父母对这些行为要立即做出反馈。如果你想让他坚持去做这件令他厌烦的事，你必须安排积极的反馈，并且使任务更具奖励性。如果他不能坚持而随意中断任务，就要给予温和的批评。同样，当你试图改变孩子的不良行为时，你必须对其好的行为给予快速的奖励，如果表扬不足以激励孩子坚持一项工作，就要用物质奖励。无论给予何种反馈，速度越快，效果越好。如果白天发生的事留到晚上才给予反馈，孩子早就忘记了自己当初的行为及动机，这时的反馈就起不到应有的作用。

② **频繁反馈**。对于正常的儿童，每天只需几次反馈，就能够起到督促和鼓励的作用，而对注意缺陷/多动障碍的孩子，则需要更多的反馈。频繁反

60. 家长如何对孩子实施有效的行为管理？

馈，让孩子始终都能知道自己做得怎样，该如何做。

当父母试图改变孩子重大的错误行为时，应在时间、计划、能力允许的情况下，尽自己所能给予奖励。对孩子做作业中克服每个困难后都给予鼓励，比孩子全部完成家庭作业后再给予奖励更好。20分钟能完成的作业，孩子常常拖拉几个小时还没有完成，可以给孩子限制一个时间，例如5分钟做一道题，当时间用完时没做的题目扣一分，这样比几个小时后扣他的分数要有效。在其做作业时，要不断给予鼓励，激励他努力完成，以免扣分。

父母常因为忙于家务而忘记检查孩子的行为，有一个办法可以提醒自己，找一些纸贴，画上笑脸，贴在经常能看到的地方，如厨房的墙壁上，每当抬头看见这些贴画，就提醒自己去关心一下孩子此时正在做什么，即使孩子坐在那儿看电视，也要去看看，顺口夸他一句。也可以买一个定时器，设定下次去检查孩子的时间，或使用手机提醒装置，间隔一段时间定时提醒。

③ **突出反馈**。由于注意缺陷/多动障碍儿童常常对一般的奖励或赞许敏感性降低，难以调动积极性，因此有时需要突出、有威慑力的反馈，可以起到意想不到的效果。突出反馈包括实质性的奖励，如特权、特别的食物、玩具等物质奖励，偶尔也可以用钱来奖励。这似乎违反了一般的家庭教育常规，通常不应该经常给孩子物质奖励，因为这些奖励会取代内在的奖励。正常孩子会通过内在奖励推动自己，例如读书的乐趣；掌握一项技能或活动成功的喜悦；让父母和朋友们高兴的愿望或者获得小伙伴的认可等。但是注意缺陷/多动障碍的孩子缺乏内在的奖励机制，这些长远的强化和奖励对他们的行为很少能起到激励作用。所以，必须使用更强大的、更显著的、有时是物质的奖励来发展和保护孩子的积极行为。

④ **先鼓励、后惩罚**。要先规定出良好行为的准则，并要求孩子按规则去做。当孩子按照行为规则去做时要予以表扬，避免开始就进行严厉的惩罚。当新的行为经常被表扬至少1周以上，再开始惩罚其不良行为。轻微的惩罚与鼓励相结合，每2—3次表扬时加1次批评，是改变行为的良好方法。

当孩子出现不良行为或违抗指令时,父母通常会对孩子进行惩罚,这对正常孩子来说是完全正确的,因为他们仅仅是偶然犯这样的错误,受到的惩罚少,受一次惩罚后会牢记在心,提醒自己以后不再犯类似的错误。但对于注意缺陷/多动障碍孩子来说就不完全正确了,因为他们经常出现不良行为,屡教不改,单独使用惩罚对其改变行为没有太大效果,他们转瞬间就忘记了自己的承诺,反复惩罚反而会导致孩子的怨恨和敌意,孩子会试图想办法反击、报复,结果又导致更严厉的惩罚。

⑤ **事先计划**。家长常常会突然面临注意缺陷/多动障碍孩子的冲动或其他不良行为,此时家长常会变得迷惑、激动,尤其是在陌生人面前,还会感到焦虑和羞耻。采取下面三个步骤,有助于制止孩子不良行为的发生。① 对孩子的不良行为的前兆进行制止。② 进入公共场合前,要求其复述行为规则。③ 让孩子复习遵守纪律时,可以得到什么奖励,而不遵守纪律时,将会得到什么惩罚。

⑥ **保持连续性**。要保持时间、规则、方法的连续性。即不能朝令夕改或开始对孩子的行为及时奖励,过了一段时间就停止了;制订的规则要坚持到底,不要轻易放弃;当面临孩子的新问题时,要用同样的矫正方法去管教。以上这些原则需要保持连续性。不连续、不可预测及反复无常常导致行为治疗方案失败。注意缺陷/多动障碍儿童行为的改变往往需要几个月,甚至几年的时间。还要保持在不同场合的一致,行为规则不仅在家中,而且在其他任何场合都应遵守。另外父母之间的行为标准和要求一定要统一。

⑦ **始终保持期望**。面对一个难以对付的注意缺陷/多动障碍孩子时,有些家长常会失去希望,容易生气和激怒,也会灰心丧气,甚至会有抵触情绪。他们常常会像对待其他孩子一样质问和迁怒于孩子。曾经有位母亲在孩子背上咬下两排深深的牙印,她当时的感受是"恨不得把他吃了",这是不明智的,也是没有效果的。父母必须记住,你始终都是成人,你是这个无辜孩子的老师和教练,你的目的是教育孩子避免犯某些错误,而不是发泄自己的怒

60. 家长如何对孩子实施有效的行为管理?

气,在面对孩子带来的麻烦时,父母只有保持冷静,才能胜任老师和教练的角色。任何时候都应该始终保持冷静、充满希望。保持冷静的办法是同孩子的问题保持一种心理上的距离,假设自己是个局外人,是在处理邻居家孩子的问题,这样就可以看清所面临的问题,不把自己的感情掺杂其中,从而更客观、理智地教育孩子,不让孩子的问题烦恼自己。这是很难的,也只有这样才能每天或多次提醒自己"冷静",特别是在处理孩子具有破坏性的行为问题时。

⑧ **学会谅解**。每天孩子入睡后,家长应简单复习一下全天发生的事,原谅孩子的过失,消除愤怒、不满和气愤情绪,因为孩子是有疾病的,是不能控制自己的。在与孩子争论或冲突时不要总是考虑自己的尊严,纠缠在谁赢谁输上。可以到其他房间静静地待一会儿,厘清自己的思路,重新控制一下自己的情绪,你会明白怎样更好地处理问题。还应原谅他人,他们误解了孩子的不成熟行为,说了些不友好的话,做出了一些防卫性的动作,因为这些人对注意缺陷/多动障碍还缺乏了解。面对他人的压力,要保持自己的立场,"我的孩子是个有弱点的好孩子",不要被别人的想法所左右,站在别人的立场来对待自己的孩子,保护孩子免遭伤害。同时,也要对自己宽容一些。注意缺陷/多动障碍儿童会导致父母恼怒、失控,过后父母常会为自己的错误自责。不要沮丧和自责,认为自己是个不称职的家长。"我也是凡人,也有喜怒哀乐",要对自己的表现给予宽容的评价,摒弃沮丧、懊悔的心理,对哪些地方需要改进进行反思,以便下次做得更好。

儿童注意力障碍 100 问

61. 家长如何运用行为矫正八步法？

行为矫正八步法是美国著名儿童临床心理学家巴克利博士在总结几代心理治疗学家经验的基础上，结合广泛积累的实践经验编制的方案，常用于注意缺陷/多动障碍儿童的行为管理。在美国，已经有数万名心理卫生工作者接受了实施该方案的培训，成千上万的家庭接受"行为矫正八步法"的辅导，并从这个方案中获益。在《欧洲多动障碍临床指南》和《中国儿童注意缺陷/多动障碍防治指南》中，都将这个方案放在注意缺陷/多动障碍治疗的显著位置予以介绍。我们在门诊和学校的实践中也证明该方案适用于我国。

行为矫正八步法的治疗目标是：

① 通过彼此的尊重、合作和理解，改善亲子关系，使家庭充满关爱和友善；

② 建立奖罚分明的家庭内部规则；

③ 改变父母的教育方式，减少家庭生活中常见的冲突、争执以及动辄发怒的行为模式；

④ 增加孩子被社会所接受的行为，减少社会所不能容忍的行为；

⑤ 为孩子将来走向社会做准备。

行为矫正八步法适用于年龄在 2—10 岁、语言发展基本正常、没有严重的对立违抗障碍的孩子。

此方法不适用于语言能力太低、不能很好地理解父母的要求或破坏行为

61. 家长如何运用行为矫正八步法？

太严重的孩子，对于已经 12 岁以上的儿童，单纯的行为矫正效果不理想，要配合认知行为治疗或其他方法。

实施此方案，需要全家人协同一致的配合，如果父母对孩子的管理方法不一致，一方的积极主动就会被另一方的消极怠工所瓦解。

运用行为矫正八步法一般需要 8—12 周时间，每一步骤用时约 1 周，有的孩子也许会用 1 个月或几个月的时间去完成一步，所以不要操之过急，每一步都建立在前一步的基础上，需要严格按规则操作。在顺利完成上一步之前不要进入下一步，这样才会有效。千万不要越过前面的步骤直接进入惩罚阶段，要先奖后罚。

（1）第一步：设置亲子游戏时间

第一步是修复亲子关系，每天拿出一段时间和孩子一起游戏，在游戏时对其良好行为给予关注，同时掌握何时给予关注或撤去关注。看电视是非互动性的活动，应剔除。花 20 分钟时间和孩子一起游戏，在第一个星期里，最好每天如此，至少也要做 5 次。以后，也要不断地与孩子玩这种游戏，争取每周 3—4 次。如果父母心情不好，非常忙碌或马上有事离开，就不要做这样的安排，那时自己的脑子已经被事情填满了，积极关注的质量会大大下降。

这一步的注意事项有：

① 不指导、不纠正，在玩游戏期间依从孩子的意愿，只要他的行为适当，怎样玩都行。父母要做到绝对的心平气和，只是参加孩子的游戏，不试图改变孩子玩耍的方式，也不可对孩子的游戏指手画脚、横加干涉，否则他会觉得你想控制局面而反感。要让孩子感到亲子游戏时间是一种情感的奖赏。

② 不提出问题和要求，这十分关键，提问会干扰游戏的顺利进行，因此应严格限制，只用于对孩子做的事情不理解时要求他解释。要记住这是孩子放松地享受和父母玩耍的时间，不是受教育的时间，孩子反感父母利用游戏灌输知识或进行说教。在提问题前问问自己，"这个问题会使他停下来不和我玩吗？"

③ 真诚地反馈，在游戏期间，要明确具体地说出自己的满意之处，这应该做得诚恳和恰如其分，表示对他所做的事情感兴趣，自己愿意和他一起玩。要及时地表达自己的赞许，不要延迟。同时，不仅要对孩子已经做的表示关注，还要暗示他将来的行为。切勿以讽刺挖苦的方式表达赞许，如"你今天玩得这么专心，要是你做作业也这样专心就好了"，这会大大降低强化孩子积极行为的效果。

④ 如果这段时间孩子表现出严重的破坏行为，可以采取消退法，转头去看别处几分钟，这样做有可能减少孩子的不良行为，如果无效，可以离开房间，说："今天的游戏结束了，明天当你表现好时再和你玩。"暂不采用其他的方法来管束孩子。

参与游戏的结果是父母会发现自己想更多地与孩子在一起。孩子也会喜欢父母的加入，他会因为父母的微笑而更开心，会主动完成一些任务而赢得父母的夸奖，甚至要求父母在游戏时间结束时，再陪他继续玩。这表明第一步成功了！如果父母发现自己不再试图控制、教育孩子，而是仔细地观察，与孩子一起游戏并且会表达赞扬时，就可以进入下一步了。

对于1—4步，父母的任务是首先感到自己的行为在改变而不是孩子的行为在改变，在这些阶段，父母不能希望孩子有太大的变化。

（2）第二步：运用表扬使孩子服从

在本阶段，要做的第一件事是细致地观察孩子，抓住他的闪光点，不论他何时服从了你的任何要求，都要及时表扬他："你照我说的去办我很高兴"，"谢谢你……"。第二件事是有意利用几分钟时间训练孩子的服从行为。选一个孩子空闲的时间，发出极其简单、温和的指令，请他帮父母做一些小事，例如"把铅笔递给我"，"去把那个蓝色的毛巾拿来"，这些成为"取物指令"，一般选孩子喜欢做的事，只需孩子的举手之劳。连续发出五六个这样的指令让孩子代劳，但每次只提出一个请求，若孩子做得好，一定要给予具体的表扬，接下来，再提一个要求，让孩子继续这样做下去，使孩子意识到服从命

61. 家长如何运用行为矫正八步法？

令原来是那么简单。父母的目标不是控制孩子的不良行为，而是捕捉、注意、强化孩子的服从行为，这样做的结果是增加了孩子服从家长指令的自觉性。

注意事项有：

① 训练孩子的服从行为要选择孩子有空闲时间及情绪好时，要让孩子做喜欢的事，一般不选家务活；

② 及时反馈：对孩子提出要求后，要马上把行为的结果进行反馈，不要走开去忙自己的事，要和孩子待在一起，及时给予他关注和赞许；

③ 当孩子遵从要求专心做事时，不要再给予其他的要求或其他的问题，这会分散孩子的注意力；

④ 假如孩子在没有指示的情况下做了遵守规则或家务之类的事情，要给予他特别的赞许，这是一个教育孩子自觉地参与家务劳动、遵守家庭规则的极好的机会；

⑤ 可以有意识地创造两三个需要他克服困难去做的事情，当他开始按这些要求去做时，应着力予以表扬；

⑥ 如果孩子不服从，应按照平常的方法解决，不要用新的惩罚方法。

当要求孩子做的每一件小事他都能完成得很好，或是父母的大多数要求孩子都能完成，父母可以很轻松地对孩子的每一个服从行为给以强化时，就可以进入下一步了。

（3）第三步：提出更有效的要求

给孩子制作一些卡片，上面协商最近要做到的事情，贴在显眼的地方，或把每项家务工作的步骤简单地标记在卡片上。当要求孩子做家务时，把卡片给孩子，告诉他你希望他完成这项工作。卡片上注明每一项家务的完成时间，然后启动计时器，使孩子确切地知道什么时候做什么，不要说"今天你得把这些垃圾倒掉"或"中午之前必须把你的房间收拾干净"。而是该做某件家务时，说"该倒垃圾了，10 分钟内把这件事做完，我把时间设置 10 分钟，按时完成。"

注意事项有：

① 指令的选择。首先想想发出指令的重要性——是孩子必须马上做的吗？是孩子能完成的吗？你愿意坚持到底吗？如果这些问题的回答是否定的，就不必发这条指令，如果答案是肯定的，就要确保言出必行，努力让孩子服从指令。

② 改变发出指令的方式。要用简洁、直接、公事公办的语调提出要求，不要以疑问句提出要求，如："你可不可以捡起这些玩具呢？"直接的表述会更有效果，不必大声呵斥，只要以坚定明了的口吻提出要求。发出指令要求是正面的、直接的，例如爸爸说："别把鞋子扔在客厅中间"，孩子可能置若罔闻，如改成说："把运动鞋放在鞋柜里"，孩子就比较容易执行了。

③ 一次不要提太多要求。大多数孩子一次只能完成一两个任务，所以最好一次只给他一项具体的指示，若需要孩子完成的任务比较复杂，可把它分成若干小步骤，一次只让他完成一步。

④ 确保孩子注意到了这些要求。向孩子发出指令时需要目光接触，不要从屋里往外喊，如果他不在意，可以轻轻地把他的脸转向自己，让他看着自己，静听指令并观察父母的表情。为了确保孩子听到或听明白命令，要让孩子重复一下指令，这样能提高孩子对指令的注意，便于执行。

⑤ 提出要求前要减少有可能引起孩子分心的因素。在提出要求之前自己应告诉孩子离开引起分心的事物，例如把电视关掉，父母们常犯的一个错误是在电视、音响、录像机开着的时候向孩子提出要求，这时孩子沉浸在电视节目中，会注意不到父母的要求。

在第二步和第三步中，父母开始学习给予有效指令，当父母对孩子提出要求的方式由过去的恳求变为一种中性的、不容置疑的口吻时，父母会有一种进步的感觉。进入下一步之前，问一问自己：是不是检查了孩子的任务完成情况？已经给所有任务设置时限了吗？写有时间规定的家务卡片对孩子有效吗？如果自己能给予孩子明确清晰的指令，设定完成任务的时限，表明孩

61. 家长如何运用行为矫正八步法？

子能够遵从父母的指令，就可以进入下一步了。

（4）第四步：用关注法减少对父母的干扰

① 当准备做事时，直接对孩子发出两条指令：一是告诉他应该做什么，再告诉他不要打扰自己。可以说："我去厨房做饭，我希望你待在这里看电视，不要打扰我"，安排他去做他感兴趣的一些事情，比如画画、玩玩具、看书等。

② 过一两分钟父母停下手中的活，来到孩子面前，表扬他没有干扰自己，提醒他接着干，不要打扰自己，然后继续做事。

③ 两三分钟后再过来表扬孩子，再接着做事，5分钟或更长些时间后再来表扬孩子的行为……可逐步减少次数，逐步延长自己的持续工作时间。

④ 如果感到孩子将要放下他的事情打扰自己了，应立即停下手里的事情，走到孩子面前表扬他没有打扰自己，然后再次鼓励他自己接着玩。

⑤ 家长的工作结束后，应马上表扬孩子没有来干扰自己。每个时间段结束后的总体表扬，应该比时间段内的间隔表扬进一步，除了口头表扬，还可以考虑使用小的奖励。

注意事项有：

① 循序渐进。刚开始父母去强化孩子的时间间隔可以短些，以后可逐渐延长，每一次停下自己的事情抽身去照看孩子的间隔时间都要稍有增加，这种练习应该持续到还能单独玩20分钟。培养孩子一个好的行为也可以采用这种方法，即开始强化的次数多些，而后逐渐减少。

② 有意识地关注。有的家长觉得孩子挺安静，就忘记去关注他，或觉得放下自己手头的事情去关注他没有必要。孩子在独立玩耍的时候需要表扬和奖励，否则随着时间的推移，他独自玩的时间会减少。因为他认为你对他不在意，会令他感觉失望。因此开始的时候，必须不断停下手中的活，以便达到训练孩子的目的。

经过1周的训练，可以回顾一下，是否当自己不想被打扰时会给孩子一些任务去做,是否能很轻松地停下手头的事情去强化孩子,如果孩子可以独自玩耍而不来干扰父母,便可进入下一步了。

(5) 第五步:建立家庭代币方案

家庭代币方案可以把家庭规则细化,运用积分帮助孩子学习遵守规则和服从指令,运用扣分来改变其不良行为,并在家庭内形成制度。

方法一:家庭卡片方案

找一副扑克牌作为卡片(也可以自制卡片或五角星、小红花等),坐下来和颜悦色地与孩子讨论关于奖惩的方法,告诉孩子现在要实施一项新方案,这个方案会因为他表现好而给他相应的奖励。

找一个贮存卡片的东西,用一些有趣的图案装饰一下。

现在制定一个奖赏方案。奖励物不仅包括每天都能享受的日常奖赏,如看电视、打电子游戏、玩玩具、骑自行车和去小朋友家玩,而且包括特殊的奖赏(特殊待遇),如周末看电影、滑旱冰和买玩具等。

接下来,把希望孩子参与的任务列一个清单:如饭前摆餐具、饭后清理餐桌、整理卧室、铺床、倒垃圾和其他一些家务活等。也可以列出注意缺陷/多动障碍孩子经常引起的同父母冲突的事情,如穿衣服、洗脸、刷牙、上学、做作业、准备睡觉、洗澡等。

下一步是确定每项任务的卡片数量。任务越难,完成时得到的卡片就越多。

接下来,计算在有代表性的一天中,当孩子完成了父母所指派的绝大多数任务后,能够获得的卡片数量,建议把卡片数量的2/3用于换取日常奖励,余下的1/3可积累起来换取特别待遇。

接下来,制定特殊待遇(如星期天去滑旱冰)卡片数。把每日积累的卡片数与期望获得一次特殊奖励的天数相乘,确定每个活动所需要付出的卡片数。

要让孩子知道,若他以良好的态度完成了任务,还有机会赢取额外的卡片,并且对孩子说非常喜欢他积极的态度,但最好不要对他所有的行为都如此加分。

61. 家长如何运用行为矫正八步法？

要告诉孩子,只有在第一次指令发出后完成的任务才能获得卡片,经过重复要求后才把该做的事做完的则得不到卡片。

方案二:家庭积分方案

家庭积分方案适合年龄较大的孩子,除了以分数代替扑克牌,根据每项工作的价值而使用分数以外,该方案与卡片方案相同,对日常事务的赋值从1—5分不等,对于较复杂的活动最高可以给200分,基本的给分原则是把通过15分钟的努力得以完成的任务给大约15分。

表1 家庭积分表

日期	完成项目	得分	奖励项目	支出	余额
	按时起床	10	在院子里玩	10	
	上学不迟到	10	吃巧克力或喜欢的东西	10	
	饭前摆碗筷	4	玩电子游戏（30分钟）	20	
	一个半小时完成作业	30	买玩具（根据价格）	50—300	

把空白任务及家庭积分表(见表1)复印数张,每天把孩子完成的任务记在"完成项目"中,把赢得的分数记在"得分"栏,然后计算收入情况,把每天享受的奖励记在"奖励项目"中,花费的分数记在"支出"栏,然后计算支出情况。当孩子用分数换取了一项特殊待遇时,把内容记在"奖赏"栏,分值记在"支出"栏,然后从总支出中减掉相应分值。规定只有父母才能填写记录,孩子可以随时审阅,但不可擅自改动,如表1所示。

注意事项有:

① 任务及奖励内容要隔一段时间重新制定,和孩子一起讨论,取消一些

孩子已经能够做到的内容，增加一些希望孩子改变的行为，奖励内容也要更新。

② 在孩子完成指定的任务前不要给予其卡片和积分，无论孩子怎么强调客观，哭闹耍赖，都要坚持不给。当孩子完成任务后也不要耽搁，应尽快地奖励他的良好行为。

③ 当孩子因良好行为而获得卡片或分数时，家长要及时地告诉他，父母对他的行为很满意。

④ 巩固家庭代币方案：取得良好效果后，若太早终止这项方案，父母也能很容易地对孩子的良好行为给予卡片或分数，就可以准备进入下一步了。根据家长们的经验，第五步通常需要历时两周左右时间。

（6）第六步：用扣分法管理孩子的不良行为

使用卡片或积分方案一两周以后，就可以开始间歇的、选择性的扣分。可以告诉孩子，任何时候如果他拒绝完成指派的任务，就要被罚卡片或分数。在这以后，当孩子不遵从指令时，告诉他说："我从1数到5，如果你还没有行动，你就要失去一张卡片（或分数）"，然后用比较慢的速度数1—2—3—4—5，若孩子仍没有开始行动，立即从他的库存卡片或记录本上扣去他完成此项任务后应得的分数，若清单上没有此项目，可选择一个和该行为相似的分数予以扣除。

注意事项有：

① 不要同时去纠正孩子的很多不良行为，一段时间内只针对一两个行为，否则规则太多，孩子记不住。

② 不要太多、太频繁地使用扣分，否则会很快耗尽孩子的积蓄，方案就不能继续执行了，一般而言，3:1的策略比较合适，即奖励孩子3次，罚1次。

③ 如果家长太频繁地使用了扣分法，方案就会对孩子失去动力和吸引力，他就会不愿意参加卡片或积分方案了，这时可以暂停执行该方案一个月左右，再重新开始。要注意重新开始后不要罚得太多、太频繁。

61. 家长如何运用行为矫正八步法？

（7）第七步：用暂时隔离法处理严重的不良行为

发出警告：当儿童出现了比较严重的不良行为后，首先要发出警告。发出警告时语气要坚定，眼睛盯着他，用足够高的声调，手指着孩子说："我从1数到5，如果你不按照要求去办，你就要规规矩矩地坐到那把椅子上去"，同时手指着墙角。

① 然后大声地数1—2—3—4—5，如果孩子还是不听，就紧紧抓住他的手腕或前臂说，"没有按我说的做，你必须坐到这把椅子上"，然后迅速地把他带到隔离椅上。

② 在把孩子放在隔离椅上的同时应该严厉地说："坐这儿，什么时候我让你下来才可以下来！"在此期间不和孩子说话，也不要让其他人与孩子交流。隔离的时间一般是：轻中度不良行为每岁1分钟，严重不良行为每岁2分钟。

③ 如果孩子未经允许擅自离开椅子，要及时、坚定地把他放回椅子上，让他的背紧贴椅子，大声坚定地对孩子说："如果你再次离开我，我就罚你的卡片。"要是孩子再次离开，马上从他的积蓄中扣除其日收入1/4的卡片或收入，回过头来对孩子说："待在那儿，直到我让你下来。"此后，如果孩子再次擅自离开隔离椅，就不要再发出警告，而是直接扣除卡片或分数，但是，在同一事件里扣除卡片或分数的做法不要超过两次。

什么时候结束隔离，要满足以下条件：（1）必须要安静下来，在他安静地待上30秒钟才可以和他说话；如果他不停地争辩、发怒、喊叫、大声哭闹，则必须在隔离椅上待更长时间；（2）当孩子安静下来后，必须同意做大人吩咐的事情，若是他做错了事如说脏话、撒谎等，必须承认错误并保证改正。此时，可用柔和的语调对孩子说："你这么做我很高兴。"

注意事项有：

隔离方式：使用隔离椅，让孩子坐在上面实行隔离，椅子要垂直地背靠着墙，放在墙角里，同时要远离墙壁以免孩子用脚踢墙，一些家长选择在厨房、走廊的尽头或客厅的角落安放椅子，以便在做家务时观察孩子。不管用什么方式，重要的一点是让孩子理解他正在受惩罚。隔离的环境必须安静，附近没有玩具，也不能看到电视。此外，还必须注意安全，特别是孩子一个人待在隔离室里面时。

第一次实施暂时隔离时，最好选择时间比较宽裕的时候，父母双方都在场，态度一致。如果父母中途退却，就意味着强化了儿童的不良行为。所以，一旦开始，就要坚持到底。

当第一次被隔离，孩子的典型反应是愤怒、喊叫、哭闹、强烈反抗，因为他感到委屈。大多数孩子只在第一次隔离时出现强烈反抗。一般只持续30分钟~120分钟时间，就会答应按要求行事。慢慢地孩子开始听从父母的指令，隔离的次数也相应地减少，这可能要花费几周时间。有的父母害怕惩罚会伤害孩子，但是应该认识到从长远来看，这是在帮助孩子改掉毛病。不要让孩子借口上厕所、喝水而离开隔离椅，不要因错过了吃饭而以零食给予补偿。

当使用此法两三周，并且发现不良行为出现的频率已经降低时，就可进入下一步了，而不需要把所有的行为问题都解决后才往下进行。若是孩子的行为不见好转，甚至比开始时更严重，一定要咨询儿童心理卫生专业人员。

之后两周，不要在家庭以外的地方应用此方案。

（8）第八步：扩大隔离法的使用范围

若家长感觉有信心使孩子在家里的行为合理地处于自己的控制之下，就可试着扩大隔离法的使用范围。

① **重申规则**。进入公共场所之前，应停下来，把孩子在这种场合下经常出现的不良行为和应该遵循的规则讲给他听，并让其复述。若孩子拒绝，警告他将不带他进商场，若还是拒绝，就让他站在外面接受隔离，但父母要留在他旁边，不要让孩子独自待着。

② **制定奖励规则**。进入公共场所之前，告诉孩子如果遵守规则将得到奖

61. 家长如何运用行为矫正八步法？

励。卡片和分数都是奖励良好行为的方法。针对4岁以下的孩子，父母可以在包里放一些小食品，以便在整个过程中奖励其良好行为。另外，父母还可以许诺为孩子购买东西，但这只能用在很少的情况下，是对孩子特别好的行为的奖励。

③ **制定惩罚规则**。在公共场所外面，告诉孩子遵守规则将得到什么惩罚。可以用减少分数或卡片的方法，也可以使用暂时隔离法，一进入公共场所，就寻找一个方便的隔离地点（例如通往洗手间的拐角处），告诉孩子，他如果不守规则就在这儿接受隔离。

④ **安排合适的活动**。如果带孩子外出旅行、就餐、购物或做其他需要等待的事，就预先给孩子提供合适的事情来做，因为等待过程中孩子会感到不耐烦，可以带一些孩子喜欢的东西，如卡通书、游戏机等。

⑤ **当不能使用隔离法时的替代**。带一个小记事本，进入公共场合前，告诉孩子，如果他有不良行为就会被记下，等回家后视情况的严重程度给予惩罚。

家庭代币方案和暂时隔离法也可以扩大到学校，由老师配合打分，回家后实施奖惩。当感到父母和孩子之间的互动变得更加积极，孩子对父母的要求更加配合时，就可以慢慢试着停用行为矫正八步法。如果停用一段时间后，出现新问题或旧问题复发，可以再次使用本方案。这样，父母将会收获回报，会发现孩子越来越合群、合作和友好，父母在家庭中管理孩子行为的能力会得到很大提高，夫妻双方的关系也得到了改善。大多数父母在充当注意缺陷/多动障碍孩子的父母、老师和朋友的角色过程中自信心也会有所提高。

儿童注意力障碍 100 问

62. 父母如何根据注意缺陷/多动障碍儿童的特点有效督促孩子学习？

监督注意缺陷/多动障碍儿童的学习是一个困难的过程，家长既要了解儿童在学习中的心理特点，还需根据注意缺陷/多动障碍患儿的行为特点进行管教。

① **制订计划**。认真分析孩子的学习情况，制订一个切实可行的学习计划，并严格执行。如每天学习什么课程，学多少内容，何时复习，何时检查，哪些课程需要补课，等等。

② **创造良好的学习环境**。最好家中有孩子专门的学习房间，让孩子在安静的环境中学习，避免各种干扰因素。学习的时候家长不必和孩子待在一起，但应能够随时观察和了解到孩子的学习情况，以便进行督促和提醒。

③ **督促、提醒**。作业时如发现孩子注意力不集中，做小动作，应及时予以督促、提醒，使孩子集中注意力，不做小动作，抓紧做作业。对自控力差、难以独立完成作业的重度注意缺陷/多动障碍儿童，家长可以暂时性陪在旁边，督促孩子学习，但应注意且不能养成"陪读"的习惯。

④ **注意休息**。要劳逸结合，避免过度疲劳。注意缺陷/多动障碍孩子的自控力差，注意持续时间短，学习一段时间后一定要休息一会儿，这样才能提高学习效率。

⑤ **经常复习**。注意缺陷/多动障碍的孩子做事没有计划，容易忘事，所

62. 父母如何根据注意缺陷/多动障碍儿童的特点有效督促孩子学习？

以父母要经常检查孩子的学习情况，并帮助提醒孩子安排学习内容，以巩固所学的知识。如一年级的孩子背熟了当天的课文后，父母要善于发现孩子的困难所在，帮助他做好第二天再背二遍，第四天、第七天再各背一遍的复习计划，如此循环复习，花时间少，收效好，也便于孩子接受。

⑥ **积累知识**。知识的积累是一个过程，平时要注意培养孩子的学习兴趣，逐渐积累知识。可让孩子多读、多看、多想，扩大知识面，丰富知识量。还要注意培养孩子的注意力、观察力和思维能力。要注重知识的掌握，而不仅仅是学习成绩。

63. 注意缺陷/多动障碍孩子不听大人的话该怎么办？

我们经常听注意缺陷/多动障碍儿童的家长抱怨，和孩子讲话的时候，他根本不听，对他好好说没用，打骂也没效果，该怎么办？注意缺陷/多动障碍孩子由于自控力差，注意力不集中，多动，别人对他讲话时常常似听非听，尤其是当他玩耍时或在嘈杂的环境中时。所以和孩子讲话不应是在他玩耍或学习时，如果此时一定要讲，首先要让孩子停止玩耍，离开嘈杂的环境，而选择一个没有很大干扰的安静环境。讲话时，周围的环境不要太凌乱，房间的墙上不要挂各种装饰物。和孩子讲话时最好其他小朋友不在场。在消除外界的各种干扰后，孩子的注意力可能就会集中到家长身上。在和孩子讲话时，尽量用目光看着他，与他对视，这样更能吸引他的注意力。

与孩子一次谈话的内容不能太多，如果在一次谈话中提及许多事，会使孩子感到混乱，产生厌烦情绪，因为大脑把许多事进行再清理、顺序排列、理解等过程常常是注意缺陷/多动障碍儿童感到棘手的事情。如果有许多事情要对孩子说，就要先想一想，先说重要且容易理解的事，待孩子完全明白后再讲另外一件事。与注意缺陷/多动障碍的孩子讲话，往往花费的时间比其他孩子长，但只有这样，才能起到作用。由于注意缺陷/多动障碍孩子一般并无智力障碍，不存在理解力和思考力的问题，因此只要你创造一个合适的环境，采用合适的讲话方式，问题就会迎刃而解。

64. 家长如何提高自身的家庭教育能力？

在教育注意缺陷/多动障碍儿童的过程中，家长要学会提高自身的教育能力，不断学习有关知识，控制情绪，家长要不断提高对注意缺陷/多动障碍的认识，学会管理注意缺陷/多动障碍孩子的方法。家长可以从以下几个方面做起：

① **学习注意缺陷/多动障碍的有关知识。**向家长讲解有关注意缺陷/多动障碍的性质、病因、表现及治疗等知识，提高对注意缺陷/多动障碍的认识，消除对注意缺陷/多动障碍的误解，增加战胜疾病的信心。

② **理解注意缺陷/多动障碍家长的心理和处境。**注意缺陷/多动障碍儿童要比一般儿童难管理，在培养、教育、指导方面要花更多的时间和精力，应给予注意缺陷/多动障碍儿童的家长更多的理解。另外，家长与注意缺陷/多动障碍儿童之间的矛盾较大，应注意正确处理。

③ **加强对注意缺陷/多动障碍儿童的关注。**家长要对注意缺陷/多动障碍儿童给予更多的关注和关爱，要和孩子谈心，要参加到儿童的日常游戏活动中，以便及时发现问题，予以纠正。一旦已形成偏离行为，再予以关注或采取强化等办法去纠正，效果就不理想了。

④ **学习家庭良好行为养成的方法。**帮助家长们建立家庭奖励制度，学会如何去表扬、奖励儿童的良好行为。当一种良好行为建立起来后，如何扩大良好行为养成的范围。有的注意缺陷/多动障碍儿童缺乏独立活动的能力，

家长要鼓励儿童独立去做这些事情，如单独玩、打电话、和客人谈话、阅读等。

⑤ **学会在公共场所处理不良行为的方法**。注意缺陷/多动障碍儿童去商店、饭馆、游乐场所、朋友家或其他公共场所也会出现错误行为，要及时予以纠正。最好在去这些公共场所前，估计一下儿童可能会发生的错误行为，给予事先警告，加以预防。

65. 注意缺陷/多动障碍的孩子该如何从自身做起、管理好自己？

注意缺陷/多动障碍的孩子有时也知道自己的行为不好，却控制不了自己的行为。专家们总结出了注意缺陷/多动障碍孩子自我管理的方法，可供年龄较大的、有一定自控意识的孩子参考。

① 给自己制订计划，每天该做哪些事，该怎么去做，并在日历上做记号。

② 建立常规，如何时上学、何时做作业、何时游戏、何时休息等，每天都要严格执行。

③ 在家中镜子、冰箱、门等地方贴上提醒自己应该做到的事情。

④ 给自己准备一个记事本，将要做或容易忘记的事情都随时记上，随时带上笔记本。

⑤ 上课没听懂老师讲的内容时，应及时提问，而不要自己猜测。

⑥ 应选择在安静的地方做作业，学习一段时间后可适当休息。

⑦ 如果作业量很多，最好将这些作业划分为较为简单的几个部分，规定每一部分完成的时间，当一部分完成后，可适当"奖励"自己，这样可提高效率。

⑧ 将家中自己的东西归类，如课本放在一处，课外书放在一处，玩具放在一处，钱放在一处等。

⑨ 注意参加体育锻炼，保证有充足的营养和睡眠。

第四部分

情绪与社会
技能篇

66. 注意缺陷／多动障碍儿童会产生哪些不合理的信念？

ADHD 儿童的主要缺陷发生在自我控制和自我管理水平上，这会导致他们情绪的管理和控制能力比正常儿童落后，在发展过程中，ADHD 儿童对于自己的情绪的了解、调控、激励以及识别他人的情绪方面都相对落后，他们我行我素，不管不顾，经常发脾气，从而造成人际关系不佳。

我们的不良情绪主要源于我们的信念以及我们对事件和周围情境的主观判断，而不是源于实际的事件与情境本身。理性情绪疗法（rational-emotive therapy，简称为 RET）是由 Albert Ellis 所创立的，他认为人的情绪和行为障碍不是由某一激发事件（activating event）直接引起的，而是由于经受这一事件的个体对它不正确的认知和评价所引起的信念（belief），最后导致在特定情境下的情绪和行为后果（consequence），这就称为 ABC 理论。通常认为情绪和行为后果的反应直接由激发事件所引起，即 A 引起 C，而 ABC 理论则认为 A 只是 C 的间接原因，B 即个体对 A 的认知和评价所产生的信念，才是直接的原因。两个人遭遇到同样的激发事件——工作失误造成一定的经济损失，产生了很大的情绪波动，在总结教训时，甲认为吃一堑长一智，以后一定要小心谨慎，防止再犯错误，努力工作，把造成的损失弥补回来。由于甲有了正确的认知，产生合乎理性的信念，所以他没有导致不适当的情绪和行为后果。而乙则认为发生如此不光彩的事情，实在丢尽脸面，表明自己能力太差，怎么好意思再见亲朋好友，由于有了这样错误的或非理性的信念，乙再也振作不起精神来，导致他出现了不适当的甚至是异常的情绪和行为反应。

ADHD儿童的内在言语能力较正常人落后，他们很难通过合理的自我言语来形成合理的自我信念，甚至很少通过内在言语来控制自己的行为，他们更容易形成一些不合理的信念，尤其是绝对化信念，ADHD儿童在很多时候非常绝对化，对事对人较难忍让，他常常觉得"我必须……，他必须……，我生活的世界和周围环境必须……"；一旦这种绝对化的要求很难实现时，他们会由此产生一些不合理的自言自语，包括：

① **糟糕透顶**。ADHD儿童过于夸大事情的危害性，如果事情不是真的那么可怕时，应该让孩子冷静地考虑后果，而不要夸大其词，造成心理危机感。

② **"我不能忍受"**。这种自言自语意味着："我不能忍受任何不舒服、挫折、焦虑、愤怒和抑郁。如果我不得不忍受这些不愉快，我就不快乐，甚至觉得无法生活下去。所以，我绝对拒绝接受这些令人不舒服的情绪。""我不能忍受"的说法容易导致低挫折忍耐力，而低挫折忍耐力又导致个体产生更强的挫折感。低挫折忍受力使个体丧失了解决问题和实现目标的忍耐力，最终导致焦虑、愤怒和抑郁。

③ **指责和谴责**。指责和谴责是指试图对自我、他人和生活现状加以惩罚和诋毁。这种自言自语使愤怒的情绪更加强烈，甚至对他人产生暴力行为。指责自己则是对自己的不信任/不接纳，长此以往会造成抑郁情结。

④ **"我真没用"**。"我真没用"意味着我一无是处，一文不值。世界上没有十全十美的人，人都会有缺点，都会犯错误，如果只是犯错误，就觉

66. 注意缺陷/多动障碍儿童会产生哪些不合理的信念？

得自己没用，往往会导致低自尊、抑郁、逃避和羞耻等。大量的研究发现，ADHD 儿童的自尊、抑郁情结比较严重。

⑤ **"总是这样或者从不这样"**。事实上，认为情境或人永远处于一种特定的状态，永远不会改变，这种看法是不切实际的。因为你对某人和某情境的情绪反应是可以改变的。用"总是和从不"这种表达方式将产生焦虑、愤怒和抑郁。

67. 注意缺陷/多动障碍儿童常见的情绪问题有哪些？

一般来说，ADHD 儿童容易出现的情绪问题有焦虑、抑郁、冲动、愤怒。这正是 ADHD 儿童给人不成熟的感觉的重要原因。很多研究都发现，ADHD 儿童的智力很好，情商却极为低下。他们有很好的创造力、想象力、思维能力，却常常不能控制自己的行为，不能很好地与人合作，不能坚持到底。

（1）焦虑

很多家长觉得 ADHD 儿童不会有焦虑的问题，因为，在他们眼中，这些孩子整天玩得不亦乐乎，经常不能完成作业，早就已经适应了挫败，早就不焦虑了，如果他们要是觉得焦虑，他们就不会像以前一样不好好学习，不认真听讲了。实际上，这种想法是非常荒谬的，ADHD 儿童的焦虑情绪要比普通儿童高很多。因为，ADHD 儿童不是不想学习，而是学不好；不是不想努力，而是不能自控；不是不想跟同伴发展良好的关系，而是自己过于冲动。表面上看他们"破罐子破摔"，其实是因为他们有愿望，有动机，虽付出努力了，但仍然失败了。所以他们也会焦虑，而且过多的失败让他们格外焦虑。

（2）抑郁

抑郁可以说是一种心理问题，也可以说是一种心理障碍。作为一种不愉快的情绪问题，抑郁只表现为一种暂时的心境，它不会对我们的生活造成严

67. 注意缺陷/多动障碍儿童常见的情绪问题有哪些？

重影响。但是，抑郁可以发展为持续的、严重的障碍，使人产生极大的情绪压力，甚至会影响家庭幸福、社会中的人际关系，影响我们的学习和工作。

有一部分 ADHD 儿童容易出现抑郁情绪，尤其是那些比较内向的 ADHD 儿童。因为这些孩子经常受到老师、家长的责骂，经常遭受学业失败和人际冲突，对学习以及自己的能力非常不自信，心灵其实非常枯竭，更加需要营养，一旦家长和老师没有好好处理 ADHD 儿童的自卑情绪，没有给他们足够的支持，就很容易形成抑郁的情结，甚至慢慢发展成为抑郁症。研究发现，很多成人抑郁症患者在小时候是 ADHD 儿童。

（3）冲动、暴力、愤怒

冲动、暴力、愤怒与其说是一种心理问题，还不如说是一种人格障碍，这是典型的冲动性人格障碍的特质，是自控能力落后的表现。很多 ADHD 儿童会表现出行为不能自控、不能忍受折磨、不能忍受诱惑、极易与人发生口角、常常勃然大怒等行为，给人非常不成熟的感觉。这也是为什么很多 ADHD 儿童常常伴随着对立违抗性行为障碍（ODD）的原因。俗话说，"控制你的愤怒，否则愤怒就会控制你"，ADHD 儿童的行为往往被愤怒所控制，但是，每当事情过后，他们又陷入深深的内疚、焦虑和自责之中。

68. 家长应该如何帮助注意缺陷/多动障碍儿童调控自己的情绪?

一个基本的原则就是改变儿童对诱发事件的不合理认知,延迟反应,积极再定义,养成积极的、合理的信念。具体来说,可以运用如下方法。

(1) 用健康情绪代替不健康情绪

除了用理智的自言自语来引发情绪之外,还应该用相对健康的情绪来取代不健康的情绪。当遇到不愉快的事情时,期待自己开心起来是不现实的。但是,家长可以帮助 ADHD 儿童调控自己受情绪困扰的程度。"用健康情绪来取代不健康情绪",具体见表 2。

表 2 用健康情绪取代不健康情绪

不愉快且不健康的情绪	不愉快但是健康的情绪
焦虑和害怕	担心
愤怒	烦恼
绝望和抑郁	伤心
极度沮丧	失望
强烈负罪感	遗憾
一蹶不振	失望
羞耻	懊悔
极度嫉妒	轻微的嫉妒
耻辱	窘迫

68. 家长应该如何帮助注意缺陷/多动障碍儿童调控自己的情绪？

（2）使用情绪冷静的语句

"不冷静"是ADHD儿童的一个典型特点，他们往往会在一些小事情面前变得难以自控，给人非常不成熟的感觉。ADHD儿童很少使用冷静的语言来控制自己的情绪，相反，他们过于偏激、容易受到激惹。因此，家长应该让孩子学会一些让自己冷静下来的词语和思维方式，比如"事情并没有那么可怕，我不必如此激动"，"这有什么大不了的？""慢着，我得保持头脑清醒"等。

（3）消极－积极的心理表象联系

家长教会孩子先使用消极的心理表象，即想象着再次经历与第一次相似的棘手的情景，产生相似的情绪困扰，保持这种体验1分钟，然后，慢慢改变这种不愉快的表象，进行积极愉快的想象。想象着遇到同样的情景，情绪比较冷静，行为更加理智，这是积极的心理表象。坚持联系积极的心理表象可以帮助儿童消除消极的、不健康的心理表象和行为。

（4）使用解决问题式的自言自语述说

当孩子遇到困难，感到失落、抑郁时，家长应该教会孩子使用积极的自我言语来指导自己的行为和情绪。比如，当老师留了很多枯燥的作业时，ADHD儿童一般会比较焦虑，以往的经验告诉他们，作业是很难完成的，又要被老师骂了。此时，家长应该告诉孩子，要进行应对式的自我对话。比如：

"作业是很多，可是我想我应该可以完成。"

"我今天上课好好听讲了，完成作业应该没问题。"

"这些作业没什么可怕的，我前天做的作业比现在多得多。"

"要是遇到难题，我可以问爸爸。"

"我喜欢英语作业，多一些也没有关系呀。"

很多ADHD儿童由于之前失败的经验，往往不能形成积极有效的自我对话来调控自己的行为，当遇到困难时，一般会逃避、情绪低落，家长应该更多地鼓励他们，教他们如何应对困难，将困难缩小化，给他们情感上的支持。

（5）转移注意力，避免冲动

ADHD儿童不能延迟反应，过于冲动，事后又陷入深深的懊悔和焦虑中。家长可以教他们在遇到突发性事件时，先转移注意力，想象一些无关的事情，让自己冷静下来，延迟情绪反应，冷静地思考。另外，深呼吸和放松训练也可以帮助儿童转移注意力。

69. 如何教注意缺陷/多动障碍儿童控制愤怒情绪

ADHD 儿童较一般的孩子容易发脾气，容易受到别人的干扰，无论是大事小事，一有不如意的地方，则很可能大发雷霆。他们自控能力比较差，很难延迟满足，再加上长期的习惯和他们的内在言语能力的落后，他们不能很好地通过自我对话来控制自己的愤怒。当然，并非所有的 ADHD 儿童都是这种脾气，有少数孩子由于与父母建立了良好的依恋关系，同时受到了良好的训练，能够很好地抑制自己的愤怒，采取一些良好的策略来控制自己的情绪，然而，有部分孩子由于长期情绪问题得不到解决，发脾气如同家常便饭，慢慢地，由 ADHD 发展成为 ODD（对立违抗性行为障碍），（不听话，脾气十分火爆，反抗权威，不遵守纪律，与父母对着干），导致问题更加复杂化。

愤怒是"一种强烈的不愉快和对立的感受"，同义词是暴怒、狂怒、愤慨、激怒等，是由不愉快情境引发的强烈的情绪状态。是什么原因引起个体的愤怒呢？是环境还是个体内心不合理的念头？其实愤怒通常源于个体的不合理信念。外在环境诱发了个体的不合理信念，进一步导致愤怒。因此，要控制愤怒，就要根除不合理信念，形成良好的内在言语和自我对话机制。

ADHD 儿童容易被激怒的原因在于他们往往把愤怒归咎于他人的行为。ADHD 儿童的低挫折忍耐力使得他们一旦觉得自己的自我价值或者说是自我形象受到威胁时，他们就很容易发怒。举个简单的例子，马克是一个四年级的男孩,但是因为学业困难,被老师转到三年级就读,在三年级班上,只要有同学说他调皮留级,他就一下子不能克制自己的情绪,要么说脏话骂人,要么冲过去打别人。马克不能忍受别人说他留级,因为这是对他自我形象的诋毁。

下面,我们简单地看看容易引起ADHD儿童愤怒的常见不合理信念有哪些?

"我正在想问题,我不能忍受别人说话。"

"他凭什么指责我?"

"他必须听我的。"

"我是一个很聪明的孩子,我必须超过他。"

"老师,即使我没有完成作业,你也不能批评我。"

"爸爸妈妈没有权利训导我。"

"我不骂他,我心里难受。"

"我不能让他占我一点便宜,否则太丢人了。"

"只要有人惹我,我就不放过他。"

愤怒通常指向三个对象:周围的环境、他人和自己。ADHD儿童愤怒的对象一般指向他人,他们常常认为别人的言行对他造成了不良影响,常常不能忍受自我价值的威胁。"如果你认为愤怒是由别人引起的,你就无法控制自己的发怒",要想控制ADHD儿童的愤怒情绪,首先应该改变他们对于愤怒的不合理信念。下面列出了对愤怒进行自我救助的一些建议:

① 让孩子认识到,是自己的不合理信念导致了自己的愤怒,而不是现实事件、别人的言行等,由于个体对于别人的言语常常抱有错误的看法,则容易导致愤怒。

② 当出现愤怒情绪时,应该先处理情绪问题,即克制自己的愤怒,再去考虑处理其他问题。

69. 如何教注意缺陷/多动障碍儿童控制愤怒情绪

③ 如果不再对别人发怒,会有什么样的结果?有什么好处和坏处?让孩子列出来。

④ 试着用烦恼和轻微的恼怒来代替暴怒,比如说就是感到问题有点棘手,或者不太痛快。

⑤ 用申辩代替愤怒。试着说出自己的感受和理由。

⑥ 降低对世界、对他人和自己的要求。不要别人稍有对不起自己的地方就大发雷霆,很多事情是可以容忍的。

⑦ 要清楚地认识到,引起愤怒的情景是很常见的,应该学着接受它、适应它。

⑧ 不要觉得发泄愤怒对自己有多大帮助,频繁的发怒对身体的危害更大。

⑨ 让孩子想象一下,当出现类似的情境时,应该怎么办?

⑩ 学会使用应对式的自我言语,比如:"他说我坏话,我不喜欢他,可是没关系,这对我不会造成什么影响,我大不了不理他。"

"学会控制自己的愤怒,否则就会被愤怒所控制。"根除孩子不合理的信念,提高孩子的挫折忍受力,训练孩子良好自我对话的能力,是控制愤怒的重要原则,这是 ADHD 儿童的家长应该做的。

儿童注意力障碍 100 问

70. 家长如何帮助注意缺陷/多动障碍儿童进行情绪自我监控训练？

所谓情绪的自我监控是指能够认识到自己正在进行的情绪反应，并对自己的情绪反应进行理性的分析，从而控制自己的情绪。情绪的自我监控是一个"停——想——做"的过程。"停"是指停下由于环境引发的正要进行的情绪冲动，"想"是指对情绪冲动和环境刺激进行理性的分析，"做"是指经过合理分析之后再选择情绪反应。

比如，一天吃晚餐的时候，明明发现自己最喜欢吃的宫保鸡丁太咸了，觉得妈妈的菜做得不好，就要发怒，但是，他立刻停止了发怒，明明想到妈妈这天加班，再加上又有点感冒，身体十分疲劳，还要做菜给自己吃，他立刻内疚起来，不但没有责怪妈妈，还决定帮妈妈收拾碗筷。从明明的故事中，我们可以看到明明很好地对自己的情绪进行了监控，首先，他认识到了自己愤怒情绪的发作，很快，他停止了愤怒，并进行了理性的分析，"原来妈妈太辛苦了！"，最后明明彻底改变了自己的态度。

自我监控训练可以从如下几个方面出发：

① **情绪自我监控表格的使用**。情绪自我监控表格（见表3）记录了孩子每天的情绪发作情况，情绪发作原因，如何处理，以及结果如何，目的是让孩子对自己的情绪有一个清楚的认识，同时也作为日前、日后的对比和参照。

70. 家长如何帮助注意缺陷/多动障碍儿童进行情绪自我监控训练？

表3 情绪自我监控表格样例：认识自己的情绪

何种情绪	情绪发作的时间长度	情绪发作的强度	情绪发作的方式	情绪发作的原因	家长的态度	自己的处理方式	结果如何

② **学会延迟情绪反应**。当 ADHD 儿童出现愤怒、冲动行为时，应该立刻敲响警钟，给他一个"停"的命令，儿童会很快暂停自己的情绪反应。延迟情绪反应给了儿童更多的时间去思考问题的本质，并重新决策情绪和行为反应。"停"意味着儿童无论遇到什么事情时，都必须先克制自己，不要过分激动，不过分冲动。"我要愤怒了，可是我要停下来，因为这样对我没好处，我要先忍一忍。"学会延迟反应就是要给 ADHD 儿童的大脑按上一颗"停"的警钟，时时刻刻提醒他们，"不着急，我先停！"

③ **"他为什么要这样做？我为什么要这样做？"，让孩子学会理性思考**。冲动对于问题的解决有百害而无一益。当孩子克制情绪冲动，延迟情绪反应之后，要做的事情就是理性思考，仔细想一想，为什么会出现这样的情况？是他错了还是我错了？我对他发怒是合理的吗？我为什么如此焦虑？我不能只看到表面现象就如此冲动，等等。这些自我发问式的思考方式对于儿童的问题分析能力很有帮助，如果 ADHD 儿童能够学会这些良性的自我对话，则很多问题都不再成为问题了。

④ **"我该怎么办？是继续冲动还是忍一忍？"** 当孩子学会理性思考后，就会很快发现自己下一步应该怎么做了。一般来说，当孩子发现问题不是表面那么简单时，孩子都会忍住自己的愤怒冲动情绪，转而安慰自己，或者选择忽略忍让的方式。经过"停——想——做"的自我监控后，孩子会变得更

容易合作，更容易沟通，从"自我中心"慢慢转向"他人—自我互动"模式。

表4 情绪自我监控表格样例："停—想—做"

什么刺激引发了我的情绪？	我最初的情绪是什么？	我停止情绪反应了吗？	我思考了吗？（为什么会这样？）	我后来的反应是什么？	结果如何？

71. 为什么注意缺陷／多动障碍儿童的人际关系较差，缺少知心朋友？

注意力有障碍的儿童通常在学校中很少有好朋友，一般人也不愿意与他们交往，集体也容易排斥他们，主要是由于他们自我控制能力落后，在情绪和行为上有特殊性。

① **情绪波动**。ADHD儿童的情绪常不稳定，时好时坏，遇到困难就急躁，遇到挫折就会立即失去信心，面对新的环境时不能很快适应，不受同学们的喜欢。

② **冲动**。多动儿童情绪冲动，任性，我行我素，不听劝告，易激惹，易发脾气，易与同学争吵，甚至打架。

③ **多动**。注意缺陷／多动障碍儿童的活动过度，尤其是在课堂和公共场合干扰秩序，常遭到同学们的反感，同学们不愿意与他们交往。

④ **对时间感知落后且不能延迟满足**。他们只是生活在此时此刻，我行我素，不管别人的感受。

⑤ 对立即得到奖励的结果充满关注，对于将来的后果很少考虑，给人的印象是自私和自我中心，这会让他们不断地失去朋友。他们无法了解朋友关系是需要随着时间的累积并且建立在互惠和分享的基础上的，不懂得建立密切的伙伴关系的基础是互相帮助和分享彼此的兴趣，不会采用分享、合作、轮流、守信和表达对其他人的兴趣等社交技巧，因为这需要克服自己的欲望，

需要等待。同时，他们不考虑事情将来的后果，因而认识不到以自我为中心将导致失去朋友。

⑥ **注意力不集中，做事有头无尾，学习成绩低**。也是 ADHD 儿童不受同学们欢迎的原因。

72. 如何通过社会技能训练改善注意缺陷/多动障碍孩子的人际关系？

近年来，国内外学者报告，社会技能训练对治疗注意缺陷/多动障碍儿童有很大的帮助，尤其是远期的疗效比较好。

社会技能训练的目的是改善患儿在交往行为方面的困难，教会他们与同伴相处的技能，促进儿童与同伴之间建立良好的社会关系。通过训练，使孩子学会与他人接触、沟通，学会倾听与理解，能够认识情绪，自我调节，解决问题，消除或减少攻击性行为等。

社会技能训练多以培训班的形式进行，也可个别训练，需要3个月或更长时间，一般每周一次。培训方法多种多样，可采取演讲、角色扮演、观看录像带等，其中行为演练尤其重要，教练人员不直接参与孩子的扮演，而是观察，给予口头表扬或用代币，对其破坏性行为给予惩罚。

据国外学者报告，社会技能训练能使ADHD儿童的社会技巧明显提高，言语、躯体的攻击行为和对立违抗行为有所减少。国内有学者运用社会技能训练为主的综合心理干预对30例儿童行为问题患儿进行了8周的干预研究，临床有效率达60%~77%，这显示该干预方法具有可接受性和可行性。

家长和教师可以从以下几方面对ADHD儿童进行社会能力训练：

① **社会技巧训练**。帮助ADHD儿童学会实际的社会技巧，如加入新的小组、参加小组游乐活动、相互交谈、接受奖励或批评、处理挫折和恼怒以

及相互学习等。训练技巧包括解决争斗的技巧、直接指导玩乐、概念的解释、观察录像等。

② **认知训练技巧**。帮助 ADHD 儿童发展思维过程，以便解决好人际关系，包括认识存在的问题，选择解决的办法，正确对待他人；分析和选择产生的后果，评价最佳解决办法的结果等。这些方法可应用于实际人际关系，如参加新的团体、解决同伴间的争论、接受别人的概念以及对付不良感受如失望、愤怒等。

③ **课堂社会能力培养**。介绍、学习课堂和学校环境的其他规定，以便促进全体儿童的相互关系，不要只限于有行为问题的学生。集体治疗注意缺陷/多动障碍儿童来发展社会技巧，要反复讨论和强调团体行为规则。要鼓励小组成员讨论普遍关心和感兴趣的问题，如电视、电影、体育及爱好等。还可组织各种娱乐活动小组，如体育队、舞蹈队、音乐组、美术组等，以促进其相互交往和学习。

73. 家长如何提高注意缺陷/多动障碍儿童的社会交往技能？

对家长来说，帮助注意缺陷/多动障碍的孩子改善其人际关系，是一个很大的挑战，而且不见得做了就有收获。因为父母不可能总是在孩子的人际互动的现场下提醒他要抑制冲动、停下来思考。但是父母不能够在这点上失去信心。父母更要对注意缺陷/多动障碍的儿童多一些理解、信任和支持，只有这样，才能帮助他们改善人际关系，获得他人的喜爱和尊敬。一个连自己的父母都不喜爱的孩子很可能破罐子破摔，从此失去了争取友谊的信心和勇气。

① **训练儿童学会以适当的方式参与其他儿童的活动**。李绪是一个经常随便闯入其他同学游戏的孩子，他不知道如何征求别人的同意而加入别人的游戏，经常打断别人的活动，为此经常与同学们发生冲突。学校心理学家为解决他的问题，设计了如下训练方案：第一步是让他在旁边被动地观察小组的集体活动，只许看不许参加；第二步是让他主动与集体中的一位成员接触，主动同他们说话，所说的话应当是与集体活动有关的；第三步是让他请求别人允许他参与集体游戏，态度要诚恳，语言要准确；第四步是要承诺遵守集体活动规则。在整个过程中，可以请另一个同学做示范，并进行角色扮演。一般经过2~4次这样的练习，注意力障碍儿童就可以学会如何经过请求而参与集体活动。

② **训练注意力障碍儿童的交谈技巧**。要教他们在别人谈话时认真倾听，不要试图控制谈话。通过提供示范、演练和强化，交给儿童正确的与别人谈话的方法。小蒙今年8岁，他做事冲动，与别人交流时经常不听别人说什么，只顾自己说。有一次一个同学从他那里借了一支铅笔，第二天又向别的同学借了一个橡皮，小蒙认为这位同学应当继续跟自己借橡皮才对，不可以从别人那里借东西。于是就问这个同学为什么不向自己借了，最后弄得差点打起来。本来他的好意是想帮助同学，结果却事与愿违。关键的问题就是他不听别人的解释，不能理解别人的话和行为。学校心理学家为他设计了这样一个训练方案。

首先是语言方面的训练。让他向别的同学征求自己的看法，问一问在别人眼里自己是一个什么样的人。让别人说实话，尤其告诉他在谈话和为人处世方面的缺陷和不足。

其次是帮助他学习如何主动和别人谈话，如让他当小组长主持一个小组讨论，并向班主任汇报小组讨论的情况。

最后，让他根据别人的谈话内容分析和判断别人的情绪与想法。

还可以进行旨在了解别人的表情的躯体语言的训练：先让小蒙观察一幅图画，上面有一个愤怒表情的人，让小蒙猜测此人的情绪。让他学会通过观察别人的表情来判断别人的情绪。然后让他在与别人谈话时用眼睛看着别人，目光保持适当的接触，表明自己在认真地倾听。接下来教给他听别人的谈话时采取适当的姿势，如面对着谈话者、如果同意对方的观点就点头表示肯定等。如果他今后在与别人谈话时表现出了这些技能，就及时给予强化和鼓励。

③ **培养儿童控制自己的攻击情绪和愤怒的训练，培养儿童以适当的方式化解人际冲突的技能**。ADHD儿童自控力差，所以容易与人发生冲突。可以采取下列解决人际冲突的方式来训练：第一步，让有此类问题的儿童诉说自己经常与别人发生冲突的事件有哪些，如有的儿童说在游戏时最容易与人冲

73. 家长如何提高注意缺陷／多动障碍儿童的社会交往技能？

突，尤其是在有身体接触的游戏中更是如此；还有人说在讲笑话或者开玩笑时，最容易出现人际冲突。第二步，让儿童想出一个不会引起冲突的解决问题的办法，尽量开动脑筋，创新性地思维。第三步，设想一下如果采取新方法解决问题会导致什么样的结果。最后一步，让儿童选择这样的方法，精心策划一个化解冲突的方案。

儿童注意力障碍 100 问

74. 家长怎样帮助注意缺陷／多动障碍儿童将学习到的社会交往技能迁移到学校和家庭中？

（1）重视迁移过程

社会技能的训练经常在训练时效果还可以，但是迁移不到实际的学校和家庭生活环境中，比如训练时 ADHD 儿童知道什么是正确的行为，但是真的与人相处时仍然会有冲突。因此家长要重视迁移过程。

通常可以使用如下方法：

① 在训练儿童时，尽量在真实的环境中，以小组的形式组织活动，所解决的问题也是真实生活中的事件。不要从假定的事件出发。

② 在角色扮演训练中，应当尽可能地让儿童体验各种各样的角色，要提供各种榜样。

③ 用以下的认知训练巩固角色扮演的良好效果。

（2）巩固社会技能

在平时的生活中，家长要让孩子不断地努力巩固新学习到的社会技能，反复练习。家长要尽量做到：

① 跟孩子签订协约，建立一个奖惩计划，用于改善某一两项你希望孩子在与人交往互动时的行为，如分享、轮流、不碰别人、小声讲话、坐好、不霸道、尊重别人的活动规则、不批评别人、关心别人的感情等。签订协议的

74. 家长怎样帮助注意缺陷/多动障碍儿童将学习到的社会交往技能迁移到学校和家庭中？

时候一定注意要循序渐进，不要一次要求孩子太多的行为，而且一旦签订了奖惩计划，一定要雷打不动地执行，否则孩子就会认为这是一个不值得遵守的协议。

② 把你与孩子签订的协议书，贴在冰箱上或者门上你和孩子都容易看到的地方。但是如果有客人来家里，注意不要让孩子感到受窘而因此制造别的困扰。这个协议只是提醒你和孩子这一两个星期共同努力的目标。

③ 一旦有机会看到孩子和别人玩，可以先停下手中的工作，轻声地和孩子复习一下你们的目标行为，并告诉孩子他将因此得到的奖励，但要注意提醒的方式不要让孩子感到难堪。

④ 作为家长，要用心观察孩子与别人的互动。只要一有正面的行为，就马上赞美并给予奖励。总而言之，要"注意抓住他们表现最好的每一个时刻"。

⑤ 一个星期抽出几小段时间和孩子复习一下你们希望培养的新行为。在这几分钟里，你应该：

第一步，先解释你希望他做到的新行为。

第二步，进行角色扮演，由你来演练这种行为。

第三步，替换角色，由他扮演别的小朋友。

第四步，鼓励他下一次和别的小朋友玩时，做出这种行为。

⑥ 如果有条件，试试把孩子和别的小朋友一起玩的过程录下来，不要说什么，最好不要让孩子知道。这样当孩子看到他最真实的表现时，才会对他最有帮助，因为很多 ADHD 儿童浑然不知自己在和别人交往的过程中的行为。但是，如果你想把录像带当作有效的教育工具，就得让他变得好玩、有建设性、奖励性而不是用来惩罚和说教。尽量从录像带中找到正面的优点来鼓励他。

⑦ 当你看到孩子有积极的改进时，应及时指出，给予鼓励。还要选择一个好榜样，这个榜样要让孩子能够接受，不要让孩子感到高不可攀。如果能

找到同样的有注意力障碍但是行为进步的孩子做榜样更好。

⑧ 无论你用什么样的方法,都要注意你的基本要求:倾听别人、听别人的感受和想法、轮流说话、对别人表现出兴趣、正确地解决冲突、学会与人分享等。

75. 如何帮助注意缺陷/多动障碍孩子改善伙伴关系？

对家长来说，帮助 ADHD 孩子改善社交问题难度很大。孩子跟伙伴交往时，家长常常不在现场，所以无法监督孩子去抑制冲动或者停下来考虑自己的行为举止。家长可以尝试以下做法来改善 ADHD 儿童的社交问题。

(1) 基本社交技巧

以下是儿童社交的一些基本技巧，可以通过让孩子观看录像，学习并掌握这些技巧，也可以运用角色扮演法，和孩子一起演练社交技巧。

① **对话的技巧**。和小朋友对话时保持眼神的接触，使用温和的语气语调，保持愉快的面部表情；交谈时围绕一个话题，等别人说完了再说；要善于倾听别的孩子的讲述，询问他们的想法或感受，对别人的讲述表现出兴趣，以保持与其他孩子的交谈；当发现别人不愉快时，能通过转移话题或幽默及时化解小伙伴的不愉快。

② **运用身体语言**。点头表示赞同，拉手表示友好，但不要不顾对方感受去搂抱、拉扯或推搡。

③ **当好小主人**。教给孩子当主人的职责，当家里来了小伙伴时，采用以下方法：a.询问对方想玩什么或怎么玩，让客人选择和改变游戏；b.赞美客人的行为；c.不批评客人；d.如果自己厌烦了，要和客人商量更换游戏；e.始终对客人负责，让他知道小伙伴是他请来的，不能扔下不管。

④ **分享**。自己喜爱的东西，要展示给小伙伴，如果对方想玩，可以提出一起玩。

⑤ **轮流**。在游戏时，有时两个孩子都想要玩同一个玩具，可以让他们商量着轮流玩，或用自己的其他玩具和对方交换。

⑥ **加入集体活动**。加入别人正在进行的活动或谈话，需要把握恰当的时机，可以采取的步骤是：a.观看其他小伙伴的活动，理解他们在干什么以及游戏规则；b.学会赞美别人，如："好，打中了！"c.注意不要对别人正在玩的游戏提问题，批评别人或者发表不同意见；d.学会加入，如"我来帮你玩"，告诉孩子在刚加入时可能会被别人拒绝，分析被拒绝的可能理由并制定对策；e.理解怎样让别人玩得开心，如打球时有意传球给别人；f.当不想玩这个游戏时，用商量或说服的办法让小伙伴改玩别的游戏。

（2）训练的基本步骤

① **选择一两种社交技巧**。建立家庭奖励方案，要求孩子再同伙伴交往中使用这些社交技巧，但注意不要一次提出许多要求，否则难度大，不容易见效。

② **将这一两种社交技巧写在卡片上，贴在孩子能看得到的地方**。目的是提醒孩子在这一周计划做些什么，但不要贴在太明显的地方，尤其是家里来客人时，以免孩子感到难堪。

③ **在孩子与其他伙伴玩耍的时候，放下手中的工作**。把孩子叫过来，温和地复习一遍你们这周计划要使用的一两种社交技巧。提醒他如果使用了新的社交技巧将得分。

④ **现在开始观察孩子与伙伴玩耍时的行为**。一旦看到孩子使用了新的技巧（或者在与伙伴交往中表现出良好行为），就要及时表扬或奖励他，但注意要在玩耍的自然间歇给予奖励；从一群正在玩耍的孩子中把自己的孩子叫过来，在别的孩子能听到的距离内表扬他，也是很好的时机。

在孩子上学前提醒他用这种技巧在学校同伙伴交往；并根据孩子的表现

75. 如何帮助注意缺陷/多动障碍孩子改善伙伴关系?

奖励他。

看到电视里或其他孩子使用良好的社交技巧时,指给孩子看,也能对他起促进作用。如:"小洁每次洗手时,都是让奶奶先洗,这种做法很有礼貌"。但是,不要拿兄弟姐妹或同学、邻居的孩子做示范,因为儿童最不愿意把他同其他孩子进行比较。

家长每次实施这些步骤时,注意孩子可能存在社交障碍的情境,比如在与别的孩子进行交往的过程中,如何开始?发生冲突时如何处理?在活动中如何与人分享?然后针对问题一个一个去解决。

76. 家长如何帮助注意缺陷/多动障碍孩子提高自控能力？

ADHD 儿童存在抑制功能缺陷，在控制行为、制订未来的计划和执行计划方面有所不足。孩子并不缺乏技能和知识，但在怎样做事和纠正偏差方面表现得非常无能。对他们给予明确的指示，对他们安排更有吸引力和更有激励性的任务，对完成任务或服从规则给予及时的奖励，能帮助这些孩子矫正不足。

近年来兴起的认知行为治疗是一种针对儿童的不良行为来训练儿童自我管理和自我控制的心理治疗方法。认知行为治疗是认知治疗和行为治疗的有机结合。这种方法着眼于纠正行为和转变不合理信念，因此比单纯的行为治疗更有效。这些方法适用于年龄比较大、应用行为治疗无效的孩子。以下介绍的这几种方法，父母可以在家里使用，以指导孩子，逐步训练孩子的自我控制能力。

（1）加强语言和规则的内化

ADHD 儿童难于遵从规则和指令，想要做什么事，马上就行动，而不考虑后果，这与"内部语言"发育不完善有关。内部语言在控制个体行为方面起重要作用。幼儿是靠外界的言语指导来行动的，在发育过程中，他们逐步把社会要求和规则"内化"，变成内部语言，用来指导自己的行为，这是发育过程中的一个重要阶段。ADHD 孩子的内部语言缺乏调节功能，没有把社会

76. 家长如何帮助注意缺陷/多动障碍孩子提高自控能力？

规则变成自己的行为准则，不能很好地控制自己的行为。

语言自我指导训练就是训练儿童运用内部言语，使行为在自己的言语控制之下，达到自我控制的目的。训练分两个阶段进行。

第一个阶段：大声说出需要完成的任务或需要执行的规则。训练时指导者给儿童示范，大声讲出心里想做的事，例如"我饿了，我去那儿吃饼干"。儿童看了一遍以后，让他大声讲一遍。并在日常行动中实施这种"大声自我对话"，包括对任务要求的评价，例如"我想吃饼干了，可是妈妈不让我在饭前吃饼干，我不管，我饿了，我要自己去拿"，等等。还可以训练孩子自我指导循序渐进的作业，例如："我要去上学了，我先清理书包，今天有图画课，要带水彩笔，然后换好鞋子，锁好门。"在自我对话的过程中，儿童会回忆起家里的规则而选择不在饭前吃饼干，或通过自我指导改掉上学前匆匆忙忙、经常忘记带学习用品的毛病。以后，训练孩子在做事情时，要像幼儿一样把所思所想以及应该怎样做的规则说出来，把思维"外在化"。

第二个阶段：当儿童能够做到用语言指导自己的行为时，教他将声音逐渐放轻，改为小声说出思维内容，指导他最后默念，通过反复练习，逐渐把语言内化，学会用"内心独白"监测自己的思维和行为，逐渐达到自我控制的目的。

（2）把完成任务的重要信息外在化

ADHD 儿童的工作记忆（记住完成某项任务所必需的信息的能力）有显著损害，将需要完成的任务陈列出来对改善其工作记忆非常有帮助。如做家庭作业时，预先在桌上放一张卡片，上面列出一些重要的规定和注意事项，如"做应用题时要认真看完题再去做；完成作业后，要认真检查"等。这些提示是根据孩子的问题而特制的，例如，在邀请的小朋友来家里之前，可以把孩子叫到一边，嘱咐他应当遵循的规则，"问问你的朋友喜欢什么，把他喜欢的先给他玩，你再玩，控制一下你的脾气"，等等，也可以把这些提示写在一张卡片上，在小朋友到来之前，让孩子多看几次以记住这些规则，以便更

儿童注意力障碍100问

好地指导他的行为。

（3）把动机源外在化

ADHD儿童在动机上存在障碍，坚持工作所需要的内在动机不能被经常激起，以致经常会产生厌烦、乏味、拖延的情绪。心理学家采用外在动机（奖励）去激励儿童克服自身内在动机缺乏的问题，即及时反馈、频繁反馈、加强奖励，用奖励的方式强化他的良好行为，限制他的多动，逐渐延长他坚持的时间。还可以设计一些事情来让孩子感受成功，使其逐渐将外部动机（靠奖励激励）过渡到内部动机（靠意志）。当一个人产生了内在动机后，在没有鼓励、奖励、报酬的情况下，他也会坚持去做应该做的事。

（4）学习运用问题解决策略

行为冲动的人往往缺乏解决问题的能力，不善于对不同情境做出相应反应，不能很好地预测自己的行为及后果。问题解决策略的要点是帮助儿童学习如何认识自己和明确问题，设想多个不同的备选解决方案，挑选最佳方案，从而达到适当解决问题并适应现实的目的。

问题解决策略的实施可以分下述5个步骤：a.停下来想想，问题是什么；b.有没有解决这个问题的办法？帮助儿童列出所有可能的解决办法；c.最好的办法是什么？列出可能有的方案，帮助儿童选择最可能实施并容易成功的方案；d.执行这个方案，鼓励孩子付诸实施，尝试解决这个问题；e.方案执行得怎样？与孩子一起对问题的结果进行评价并总结经验。

小明8岁，经常在课间操期间趁同学们都不在教室的时候翻同学的文具盒，如果看见自己喜欢的橡皮就据为己有。为了帮助他改掉这个毛病，治疗师和小明一起设想以下情境。

下课了，同学们都去操场做课间操，小明产生了想看看同学的文具盒里有没有新橡皮的念头，治疗师教他如此做：

① **停下来想一想，问题是什么？**——我想要彩色橡皮；

② **有没有解决这个问题的办法？列出所有的解决办法；**

76. 家长如何帮助注意缺陷/多动障碍孩子提高自控能力?

a. 拿到橡皮后藏起来,不让别人发现;

b. 晚上让爸爸给我买;

c. 向小华借;

d. 去操场做操,不留在教室里;

e. 我已经有很多橡皮了,控制自己不要。

③ **最好的方案是什么?**——去操场做操,不留在教室里可能是最好的方案,可以脱离想要橡皮的环境;

④ **执行这个方案**——下课后离开教室;

⑤ **评价结果**——我今天虽然没有得到橡皮,但是得到了爸爸妈妈的表扬,我做得很好。

在实施过程中,可以结合语言自我指导训练,让儿童把实施步骤讲出来,有利于自我监督。以后根据儿童的情况逐渐提高解决问题的难度,培养儿童解决问题的能力。在上述训练的基础上,要结合行为技术,当儿童出现适当行为或正确反应时及时给予表扬和奖励。灵活运用上述方法并坚持下去,儿童的自我控制能力就会逐步提高。

(5)体验情绪,控制情绪

有相当多的 ADHD 孩子感到孤独,没有朋友,发生这些问题的关键是因为他们的冲动性,他们常常因为一点小事就大发雷霆,只顾自己的感受,不考虑他人的感受,以发脾气、攻击行为作为解决矛盾的惯用方式,因而导致被伙伴拒绝。

体验他人的感受法就是教儿童理解、体验他人的感受。首先,教儿童体验喜、怒、哀、乐、悲、恐、惊等基本情感,让他知道当这些情绪出现时,自己的表情是什么样,体验是什么。可以让他用一面镜子来观察自己的表情。让他们体会生气时的心跳加快、呼吸急促、脸红脖子粗的感受,这样,有助于他们在开始生气时,及时识别自己的情绪并做出调整。也可以让他们观察爸爸妈妈和同学的表情,体验外在表现和内心情感的联系。运用角色扮演法,反复练习，使孩子能够觉察他人的情感。这样，在别人不愉快时，他们就能及时识别并调整自己的行为以减少冲突。

ADHD 儿童常常根据自己即刻的情感反应行事，导致冲动和攻击行为，教会他们延迟反应的一个简单的办法就是在遇到苦恼时数 10 个数，这样就可以有时间冷静下来，分析和理解对方的情感，将客观现实和感情分离，合情合理地评价所发生的事情，可以运用问题解决策略，帮助儿童在情绪激动的情况下或复杂的场合中，去体验他人的感受，猜测他人的思维，控制自己的愤怒。

小米经常因为别人踩了他一脚，撞了他一下，拿了他的东西，就认为别人故意欺负他而经常和同学发生冲突。治疗师教他解决问题的步骤为：

① **停下来想一想，我想干什么？**——他踩我的脚，我要报复。

② **列出对方可能有的情绪：**他是故意踩我的脚；他可能是不小心，他一向走路不看人。

③ **挑选其中一个最可能的情绪：**他眼睛盯着操场上的乒乓球台，有向往的神情，没有鄙视我的表情，可能不是故意的。

④ **执行这个方案：**那天我把他的书弄丢了，他没有让我赔，我不应该报复。

⑤ **评价结果：**我今天很好地处理了和他的纠纷，没有打人，我战胜了自己的冲动。经过反复练习，小米逐渐学会了察言观色，冲动行为减少了。

77. 如何在家庭中帮助注意缺陷/多动障碍儿童建立积极的伙伴交往？

家庭是孩子最熟悉的场所，学习交往可以先从家里做起。家长可以这样做：

① **鼓励邀请同学**。鼓励孩子邀请同班同学放学后或周末到家里做客。与小伙伴在家中看电视，吃些小点心，在父母监督下玩游戏，在父母帮助下制作手工模型等。要求孩子有组织、有目的地玩耍。

② **密切监督活动**。密切监督他们的活动，及时发现那些可能失控的征象，例如逐渐加剧的打闹行为、骑马游戏、争夺玩具或者说话声调提高、孩子出现挫折感和敌对行为。如果发现这些征象，要让他们马上停止游戏，可以问些其他事情，转移他们的注意力，或者换个地方玩耍。

③ **玩耍时录像**。在孩子与小伙伴玩耍时进行录像。录像提供了孩子行为表现的视觉图像，这对 ADHD 儿童来说非常重要，因为他们常常意识不到与伙伴玩耍时是如何对待别人的。在回放录像时切记保持积极而肯定的态度，首先指出孩子在玩耍中好的方面并予以表扬，然后，指出孩子一两种不恰当的行为，让录像起到教育作用，教会孩子怎么做才算恰当的行为，不要批评或惩罚孩子。家长播放录像后，应赞扬孩子的积极参与并奖励他。

④ **关注暴力情节**。如果孩子存在攻击行为，应关注孩子所看的电视或电影是否有暴力情节。许多儿童节目的暴力情节对于 ADHD 儿童来说起了示范

作用，他们可能通过模仿而增加攻击行为。在与孩子一起看电视时，可以适时指出哪些攻击行为是不适当的，是不受其他孩子欢迎的。平时，父母不要对孩子进行辱骂和体罚，这样会为孩子树立榜样。

⑤ **隔离不良群体**。如果 ADHD 孩子已经加入消极的、攻击的或反社会行为的群体，应该尽最大可能把孩子从该群体中隔离开来。研究显示，让孩子接触好的伙伴可以大大减少其出现犯罪和反社会行为的危险。

78. 如何培养孩子的合作能力？

ADHD儿童往往十分缺乏合作能力，他们不会与人分享，不会轮流等候，不会遵守游戏规则，所以他们在同龄人中很难交到好朋友。家长要从培养他们的合作能力开始，帮助他们改善人际关系。

家长可以从以下几个方面入手：

① **让孩子体会到与人合作的快乐**。孩子在与伙伴交往中逐渐学会合作后，在交往中感受到合作的愉快，会继续产生合作的需要，产生积极与人合作的态度。家长可以和教师联合，让孩子体会合作成功的快乐情绪，主要运用以下几种方法。a. 成果展示法：展示孩子的合作画，让孩子欣赏到合作后的成果，产生愉快情绪。b. 表扬法，表扬合作顺利的孩子，让他们讲一讲是怎样做的，对他们的好的合作方式给予表扬，老师的赞赏对他们是一个很大的促进。c. 激励法，对合作中有冲突的孩子要给予指导和激励，使他们也产生积极情绪。教师和家长的评价对孩子的情绪很重要，这是孩子能否体验成功的关键。所以教师和家长对孩子合作后的结果要给予恰当的肯定和激励。对合作不好的注意障碍儿童也要给予肯定和鼓励，以免ADHD儿童对合作对方产生抱怨情绪，从而打消继续合作的积极性。

② **注意父母的言传身教**。父母本身应该待人宽厚。对家庭成员，对邻居，对同事都要热情、平等、谦虚、礼貌，并能互相帮助。这些生动而又直观的形象"教材"能在潜移默化中逐步移入孩子的精神世界，使他们在与人

合作时，自觉地把父母的言行举止作为效仿的榜样。

③ **为孩子创造合作的机会，培养孩子的合作能力，首先要为合作能力的培养找到生根发芽的土壤，创造其发展的物质条件，这是培养孩子合作能力的前提**。而注意缺陷/多动障碍儿童往往由于其行为问题，而导致在活动中，没有人愿意跟他们合作。所以这个时候，家长要下一番功夫。首先，家长可以和教师合作，有目的、有计划地组织孩子和同伴进行一些合作游戏，如：共同搭积木完成一个造型，共同完成一幅画或采取几人合作或几人一组的体育游戏等，为孩子的合作创造机会。这样，孩子在活动时就不能只顾一个人玩，而需要二人或几人合作共同配合来完成一项任务，把每个人的想法和意见都融进去，这时二人或几人协商的过程，就为幼儿提供了锻炼的机会。其次，要把对孩子合作的培养贯穿在各个环节当中，如：和父母共同叠被子、搬椅子、收拾玩具等。这些工作，家长都可以在家和孩子一起完成。

④ **让孩子学会分享**。教孩子学会分享对培养他们的合作能力非常重要，但是注意力障碍的孩子往往显得自私，不能够与人分享。家长可以以分享行为作为目的行为，用行为矫正法培养孩子与人分享和合作。

79. 如何培养孩子的移情能力？

情感是个体的内心体验，情感的形成和发展除了要发挥认知的作用外，更重要的是情感体验的积累，移情能力是一种根据经验或以往的类似情景去知觉或理解当前情景的现象，事实上，很多成功的人都具有这种能力。他们能站在别人的角度观察事物，了解对方的观点，体验对方的情感。他们能有效地理解别人，获取大量有用信息，并使自己得到别人的理解、喜欢和帮助，从而走向成功。而 ADHD 儿童却往往缺乏这种能力，从移情能力角度训练 ADHD 儿童对他们的社会交往非常重要。

对于注意缺陷/多动障碍的儿童来说，家长对其移情能力的培养可以从以下几个方面入手：

① **向孩子倾诉情感**。父母都会有自己的喜怒哀乐，应该向孩子陈述自己的情绪状态及产生这种情绪的原因；明确告诉他们，你这样做，我很高兴、很愉快，你那样做，我会很烦恼、很痛苦。并讲清楚为什么会产生这样的情绪。听大人倾诉，孩子不仅有了了解别人情绪和内心体验的机会，知道自己的行为会给别人带来欢乐或痛苦，而且能学到表达情感的词汇和表达情感的方法。当然，大人向孩子倾诉情感，要营造一种宽松、和谐的气氛，把孩子当成朋友平等交流。

② **引导孩子欣赏别人的情感**。首先应引导孩子积极评价别人的情感，让他们明白每个人都有表达自己喜怒哀乐的权利；对同一事物每个人都会有自

己的看法和感受，这些看法和感受可能与你的不同，你不能以你的标准来要求别人，不可能你高兴别人也高兴，你痛苦别人也痛苦。其次要训练孩子从别人的语言、声音、仪表和行为及作品辨别情感的能力，使他们善于"察言观色"，培养他们对情感的敏感性。第三是要培养孩子控制自己情绪的能力，不能不顾别人的感受肆意表现自己的情绪，比如面对一个悲伤、痛苦、失意的人，即便你当时心里非常高兴，也没有必要表现出来。最后，要注意引导孩子去体验别人的情感，当别人高兴时，你应为他高兴，当别人痛苦时，你应具有同情心，对别人进行安慰和关怀。值得指出的是，要做到以上几点，成人的表率作用很重要。

③ **多让孩子换位思考**。换位思考，是指设身处地站在别人的处境思考问题，体验别人的情感。它能使人不至于过分关注自己。对于儿童来说，则能使他们较快地摆脱以自我为中心，把自我的概念扩展到他人身上去。训练孩子换位思考：一要积极为他们创造与别人交流的机会，让他们在与别人沟通的过程中揣摩别人在想什么，怎么想的。现在的独生子女可以说是十分孤独的，在家里没有同伴，父母也无暇或不愿与他们沟通；在学校，学生与学生之间很少有思想和情感的交流，大部分时间他们都是"独行者"。正因为这样，中国孩子的心灵是相对封闭的。二要通过游戏的方式，让儿童扮演或假设自己是不同的社会角色，让他们了解不同职业、不同身份的人的心理特点。三要在他们听故事和学习课文的时候，让他们站在故事中各种人物的处境中体验他们的情绪。四是平时可多用说话和写作文的方式，让他们就"假如我是校长"、"假如我是班主任"、"假如我是家长"等为题发表见解。

④ **让孩子学会表达情感**。表达情感要对自己的情感进行反思和分析，这种反思和分析情感的能力可以推己及人，增强移情的能力。培养表达情感的能力，首先要丰富儿童有关情感的词汇，如愉快、爱、喜欢、厌恶、痛苦、可怜、可悲等，并能理解和运用它们。其次要认真倾听他们说话，引导他们把自己的想法和心情表述出来。如果孩子觉得自己说话经常没有受到重视，

79. 如何培养孩子的移情能力?

他们就会逐渐沉默起来。三是要让孩子养成写日记的习惯,写日记是反思、剖析、表达情感的好方式。四是鼓励孩子表达情感,告诉孩子,当他们有高兴的事情时可以说出来让大家分享,当有烦恼、痛苦的事情时也可向人倾诉,使自己的心理得以放松,并求得别人的帮助。

儿童注意力障碍 100 问

80. 如何帮助注意缺陷/多动障碍儿童赢得别人的喜爱？

许多 ADHD 儿童因为行为冲动和自我中心，成为不受欢迎的人。身为 ADHD 儿童的父母，最实际的目标就是鼓励并帮助孩子赢得友谊。下列方法也可以供你参考。

① **鼓励孩子邀请同学放学后或周末假日的时候到家里来玩**。如果孩子在社交技巧上有严重的问题，你不能丢下他们自己玩。帮他们计划一下可以做什么——看电影、吃零食、玩电动、做模型等他们可以共享的活动。然后最重要的是有效的监督。这种计划性的同伴交往，是进一步建立友谊的敲门砖。

② **当他们一起玩的时候，你用要心地在一旁观察，以免有失控的对话、大吵大闹发生**。当然，你也要注意孩子是否有挫折、敌意开始酝酿。如果有这样的情形发生，你就要介入，让他们休息一下，做点别的事，吃点点心等。你可以让他们告诉你发生了什么事，也就是把注意力转移到你身上，而不是他们彼此，或者也可以换一下他们玩的地点。

③ **尽量不要让他们在家里有攻击的行为产生，尤其是你的孩子已经有这方面的问题时**。要注意你自己和家庭其他成员的行为中，是否有大吼大叫、指名骂人、摔东西等行为。此外，注意孩子看电视和电影的习惯，对一般孩子来说不会造成问题的暴力镜头或者情节（有时甚至出现在动画片里），对 ADHD 儿童尤其是那些同时伴随攻击行为的孩子可能就不太恰当。如果你无

80. 如何帮助注意缺陷/多动障碍儿童赢得别人的喜爱？

法完全管制，那就和他们一起看，并告诉他们哪些行为会让人不受欢迎。

④ **减少孩子和有攻击行为的孩子一起玩的机会，你的孩子最不需要的就是从有这样问题的孩子身上得到增强**。鼓励孩子和人际关系好的同学相处，年级大小也许不是问题。年龄稍大的孩子对 ADHD 儿童在社交行为方面的不成熟忍受度较高，这样 ADHD 儿童就更容易获得友谊。

⑤ 如果孩子已经和一些行为不良的孩子在一起，就想办法让他们分开，甚至考虑搬家、换个环境。

81. 如何通过社团活动提高注意缺陷/多动障碍孩子的社交技能？

团体生活可以给交往提供机会和压力，应当多利用团体生活经验来帮助孩子进行交往。

① **假期的时候给孩子报名参加一些社团活动，比如夏令营、拓展培训班、童军团、心理成长小组等。**参加这类活动的好处是，这些活动都是有计划性和结构性的，也有大人的带领和指导，一般不会有什么失控的行为发生。当然如果这些活动是以小组的形式进行的会更好，因为有注意力问题的儿童在大团体中，挫败的经历可能就会偏多。

② **避免让孩子参加规矩复杂或需要多种功能协调的活动**，因为那对有注意力问题的儿童来说是很沉重的负担。当然也要避免长久静坐的活动，因为ADHD的孩子可能会因为做不到而有挫败感。比如以打球为例，室内打球就比室外打球更适合ADHD儿童，因为只有在室内没有外界干扰的情况下，活动才可以吸引孩子的注意力，而如果在室外，这些孩子就可能觉得打球很无聊，而跑去抓蝴蝶或者胡思乱想了。

③ **有组织、有结构的活动比没有组织，没有结构的活动更适合有注意力问题的儿童。**

④ **ADHD儿童比较喜欢没有竞争性的活动**，因为竞争可能会因带来挫折和情绪的起伏而让这些孩子受不了。当然，如果你的孩子在某些方面有特

81. 如何通过社团活动提高注意缺陷/多动障碍孩子的社交技能?

别的天分,可以表现得很好,就不用担心竞争的问题了。

⑤ **可以给孩子报名参加一些专门培养合作性的心理成长小组或者儿童拓展训练班**。因为这样的班都需要团队合作来完成一些共同的目标,如搭模型、做实验、做手工艺品等。小组中的每一个成员都能分到一份工作,团体只有分工合作才能达到目标。这对培养孩子的合作性和责任心有很大的好处,同时经历这样的过程,也可以让大家彼此建立感情。

82. 如何帮助注意缺陷/多动障碍儿童应对小伙伴的取笑？

在孩子同伙伴的交往中，最常见的问题之一是被人取笑和嘲弄。孩子之间的取笑和嘲弄有时仅仅是检验彼此关系是否密切、情感上能否控制、对群体是否忠诚或者解决社交冲突能力的一种方式，尤其是男孩的群体更是如此。在进行取笑和嘲弄时，孩子们其实是无意识的，这只是孩子间社交能力成长的一种互动。另一种情况，嘲弄是社交攻击的一种方式，意图是挽回其他孩子给他带来的羞辱，挽回失去地位和声誉而造成的社会失败的局面，从其他人那里找回自尊的一种试探。男孩和女孩们都会使用这种攻击形式。有时，取笑和嘲弄别人是炫耀自己的能力、博得大家认同的一种方式。这个问题处理的好坏直接关系到以后孩子在群体中的处境。如果处理得不好，就会不断受到嘲弄并使冲突升级，甚至可能失去伙伴。

家长在面对孩子被人嘲弄时，常常让孩子忽视那些嘲弄，"不要理他"，其实忽视根本就不起作用，对方发现被取笑者软弱可欺，反而会增加嘲弄的次数。ADHD 儿童常用的方法是气愤地、充满敌意地忽视或报复。心理学家发现对付嘲弄的最好方法是"适应"，对嘲弄报以微笑或者嘲笑对方，把被嘲弄变成玩笑，尝试制造更多的幽默方法来应对。同时教孩子不要表现出自己被那些嘲弄的言辞伤害了感情。可以用中性的或幽默的话对付小伙伴的不友好的取笑和奚落，比如一个孩子说话声音像女孩，同学叫他"娘娘腔"，他可

82. 如何帮助注意缺陷/多动障碍儿童应对小伙伴的取笑？

以用开玩笑的态度化解，说："这个外号老掉牙了"、"我听得耳朵都起茧了"、"你不能说点别的吗"，等等；可以运用自嘲，和其他孩子一起笑话自己，甚至是接受自己的缺点，比如，如果孩子被小伙伴叫"笨蛋"，他可以这样进行回应，"我不是真的笨，我只是在学你们的样子罢了"，这种应对嘲弄的方法比忽视、生气或者敌对地做出攻击反应更为有效。

儿童注意力障碍 100 问

83. 家长如何从学校获得帮助来改善注意缺陷／多动障碍孩子的状况？

我们知道，ADHD 儿童在学校面临的人际关系问题和在家里是不一样的，尤其是我国的孩子绝大部分都是独生子女，在家里没有什么兄弟姐妹，所以他们和同伴的互动交往主要是在学校里。而在学校里，上课和下课的情景又是不一样的，上课是一种结构化的情景，下课则是非结构化的，这两种情景交替出现，对孩子行为的要求就很不一样。所以，许多 ADHD 儿童在学校里的问题甚至比在家里还严重。作为家长不仅仅要在家里教育孩子，还要和老师沟通，从老师那里获得帮助。以下的方法可以供你使用。

① 和学校老师沟通，帮助老师设计一套针对孩子的行为矫正方案，最主要的目的就是帮助孩子在学校里发展出较好的行为。同伴对 ADHD 儿童的排斥和教室中的干扰、不当行为是很有关系的。如果你的孩子在班级里被排斥，你帮他建立社会关系的努力，可能都是没用的。

② 对于注意力问题特别严重的孩子，可以考虑进行一些药物治疗。

③ 请老师配合帮忙，在其他孩子面前，分派特别的任务给你的孩子。因为，这样做会增加你的孩子在其他孩子心中的分量，也让他觉得自己比较被同伴接纳。

④ 和孩子的老师一起设计一份行为改变评定量表，选出两三项你们两个人都希望孩子在教室中能多多出现的行为。在表格的左边列出这两三项目标

83. 家长如何从学校获得帮助来改善注意缺陷/多动障碍孩子的状况？

行为，然后在右边列出五个栏位，每天评定该项行为的表现。也可以规划出空间，记录孩子在自由或小组活动时间的表现，如下课、上课、分组时等。样本可以参考下表，若家长感觉适合孩子，可以复印使用。你可以多复印几张，并请老师定时计算分数。你的孩子与人交往互动的情况应该每天评估5~7次，分数可以从1~5。最好可以用文字在背面记下评语，且每天的评语能有所变化，然后根据孩子的表现提供奖励。这张表格应该让孩子每天带回家，可以由你来提供奖励，也可以使用代币制。

每日学校行为记录卡

姓名_____ 日期_____

老师_____

请在下列表格中为孩子的行为评分。每行代表一个科目或者一堂课。评分标准如下：1＝优良，2＝好，3＝一般，4＝不好，5＝非常不好。请在每一行末尾签名，评语写在本卡的背面。

课堂/科目

评价的行为	1	2	3	4	5	6	7
课堂参与							
课堂作业							
遵守规矩							
与人和平相处							
回家作业							
老师签名							

请在此卡背面写评语

注意缺陷/多动障碍儿童在校行为记录卡，与在家里代币反馈制度并行。

83. 家长如何从学校获得帮助来改善注意缺陷/多动障碍孩子的状况?

每日在校下课或自由时间行为记录卡

姓名_____ 日期_____

老师_____

请在下列表格中为孩子在下课或者休息时的行为评分。每行代表一个科目或者一堂课。评分标准如下:1＝优良,2＝好,3＝一般,4＝不好,5＝非常不好。请在每一行末尾签名,评语写在本卡的背面。

课堂/科目

评价的行为	1	2	3	4	5	6	7
不用手推别人							
不嘲弄、辱骂、欺负别人							
遵守下课或自由时间的规矩							
与人和平相处							
不踢打、攻击别人,不打架							
老师签名							

请在此卡背面写评语

ADHD儿童在校下课及自由时间行为记录卡,与在家里代币反馈制度并行。

每日学校行为记录卡

姓名_____ 日期_____

老师_____

请在下列表格中为孩子今天学校的行为评分。每行代表一个科目或者一堂课。评分标准如下：1＝优良，2＝好，3＝一般，4＝不好，5＝非常不好。请在每一行末尾签名，评语写在本卡的背面。

课堂/科目

评价的行为	1	2	3	4	5	6	7

请在此卡背面写评语

ADHD儿童在校下课及自由时间行为记录卡，与在家里代币反馈制度并行。可以针对该儿童特别的问题，由老师或家长填上合适的目标行为。

第五部分

家长与家庭环境篇

84. 家长应该如何改变对注意缺陷/多动障碍儿童的态度？

　　ADHD儿童给家庭带来了无数的问题和麻烦，他们是天生的活宝，他们从来就不能安安静静地待在一个地方，他们不听指令，不容易合作，是典型的"麻烦制造者"。在养育孩子的过程中，ADHD家长要比普通的家长承受更多的压力，付出更多的努力，遇到更多的挫折，而且最后得到的要少得多。自己的孩子不如别的孩子听话，不好好完成作业，不能控制自己的情绪，不能和小伙伴发展良好的同伴关系，常常因为一点小事情发脾气，经常动个不停，在学校不听老师话，不好好听课，无论怎么教育，都无济于事。昨天买的橡皮，今天就忘了放在哪里了，因为忘记了作业而被老师惩罚，一玩起游戏机来就跟疯了似的，等等，如果你是一位没有经验的家长，一定会对孩子大发雷霆，气得不能好好睡觉。孩子的问题不是态度不端正，是不能自控。家长的问题在于没有对孩子的问题有一个清楚的认识，不能很好地控制自己的情绪，没有一个良好的心态。巴克利认为，作为ADHD儿童的家长，一定要学会照顾自己，只有如此，才能更好地照顾孩子。家长不妨从以下几个方面做起。

　　① **采取行动，不要大呼小叫**。当孩子出现多动行为时，家长一定要克制自己，不要大声责备，而是冷静地采取相应的行动。多动症孩子不喜欢听道理，他们对更为实际的结果和反馈比较有感觉。因此，你必须采取行动，及

时奖惩，而非苦口婆心地唠叨。

② **预防为先**。父母对于孩子在特定情境下的行为完全可以预测到。比如，当孩子进入游乐园时，他很可能与其他孩子发生争执。在做事情之前，父母可以与孩子约法三章，当开始完成任务时，可以遵循以下五个步骤：先停下来；重申前面的约定；设定奖励；设定惩罚；进去之后照计划进行。

③ **无条件地接纳孩子的缺陷**。你是个成年人，你是孩子的老师和教练，你应该用冷静的头脑处理问题，应该把自己当成第三者，以便更好地看清问题，孩子是善良的，是无辜的，尽管他有行为上的缺陷，他依然值得你去爱，去无条件地接纳。

④ **学会原谅**。这是最重要、也最难做到的一项原则。它包括三件事情。首先，每天，当你的孩子上床后或你休息前，花点时间回想你今天发生的事情，原谅孩子所犯的错误；第二，如果其他人误会你的孩子，或者认为他品德败坏、懒散，原谅他们，因为他们不如你了解你的孩子；最后，如果自己在处理孩子的问题上犯了错，应该原谅自己，因为唯有如此，你才有足够的耐心去处理孩子的问题，也唯有如此才能做得更好。

85. 在面对情绪困扰时,家长如何控制消极情绪?

当要发火时,家长不妨做到:

① 安静地坐下来,拿出纸笔,想想过去几个星期来,当你觉得有压力时,你容易发怒、生气、抱有敌意。然后写下来——不是你的感觉,而是在你有那些感觉之前发生了什么事情。

② 先看看第一件事情。如果你做了些什么,是不是可以避免这些事情的发生呢?你当时的反应是不是让事情更加糟糕?你有没有想过采取其他的途径来解决问题?

③ 现在专注在一项压力源上。下一次能避免就避免。闭上眼睛,想一想。

④ 为了提醒自己,写在小纸条上,贴在醒目的地方。

⑤ 每天花几分钟,想想你行动的计划,让自己在面临危机时更加有信心。

86. 面对管教压力问题时，家长应该如何做？

如果家长管教孩子压力过大，在快要失控时，不妨这样做：

① **推迟反应**。此时，我们极易做出错误的反应，事后又后悔莫及。最好的方式是什么都别做，离开现场，暂时回避一下，要么就把孩子带走，冷静地告诉他："我等下再跟你讨论这件事情。"

② **学会放松**。ADHD 儿童很多的问题会给父母造成心理上的伤害，父母应该学会放松自己，来降低压力。试着做一下深呼吸、放松肌肉的运动。

③ **从长远考虑**。很多家长往往过于夸大孩子的问题，而对孩子一些好的地方视而不见，若家长能够从多角度，从长远出发，想想孩子问题的各个方面，就不会勃然大怒了。

④ **预想一下积极的后果**。把问题的发展往好的方向想，对于问题解决和心情都是有帮助的。

当孩子做得不好时，家长都要"疯"了，这是非常不明智的处理问题的方式。ADHD 家长不仅要对孩子的问题有清楚的认识，还要学会自我成长，为内心注入营养，为孩子的成长营造好的气氛。

87. 什么是亲子关系的恶性循环？

ADHD 儿童多数都没有从家里得到足够的支持，他们与双亲之间的亲子关系并不像人们期望的那样融洽。很多 ADHD 儿童的症状由于不良的家庭关系进一步恶化，甚至最后发展成品行障碍。

亲子关系对于儿童成长发挥着极为重要的作用，尤其是对于那些存在这样或者那样问题的儿童而言，他们更加渴望得到父母的优待，因为他们很难像正常儿童那样得到别人充分的认可，他们期望家庭能够给他们足够的支持以补偿外在的缺陷，尤其是父母的爱与接纳。ADHD 儿童如同失落的彗星一样，更加渴望太阳的温暖。ADHD 在某种程度上说，是一种家庭问题。ADHD 儿童不是生活在真空中，家庭在他们的生活中扮演着重要的角色。然而传统上，对于 ADHD 的评估、诊断和治疗往往忽略了这一点，而把焦点集中在孩子本身的问题上面。若不去了解环境如何与 ADHD 儿童进行互动，就不可能对 ADHD 进行很好的诊断治疗。不良的亲子关系会使孩子形成消极、回避的行为。斯特瓦特对有犯罪行为的人的研究表明，子女的攻击和犯罪行为与不良的亲子关系有关。不良的亲子关系对于 ADHD 儿童的负面影响会更加明显。

一项针对 ADHD 儿童与父母的关系的调查显示：父母与 ADHD 儿童的关系很容易陷入一种恶性循环：

① 父母因为自己的问题，不能容忍 ADHD 儿童不适当的行为，而比一

般父母更难把孩子的行为问题处理好。

② 父母的认知会影响对待孩子的态度，因而导致过于苛刻的处罚，或者无论孩子怎么做都会激怒父母。

③ 相对的，孩子得到的鼓励、赞扬和温暖就较少。

④ 孩子因为被父母对待的方式影响到对父母的行为，变得更加固执、反抗、狡辩，导致更多的冲突。

⑤ 更加让父母认为自己的孩子是一个有问题、难以教养的孩子。

⑥ 继续这样的恶性循环。

家长一定要设法打断这种恶性循环，从改变自身入手。

88. 亲子关系主要分为哪几种类型？

要想改变亲子关系，家长首先要了解亲子关系。亲子关系可以分为这样几种类型：

① **养育型**：父母对子女有绝对的权威，可以凭自己的意愿和情绪对待孩子，如批评、指责孩子，指挥、命令孩子。父母不考虑孩子的思想，孩子所要做的只能是服从。

② **财产拥有型**：父母将孩子作为自己的私有财产，自己可以对其任意操作。

③ **反向型**：子女处于支配地位，父母处于从属地位，所有的决定几乎都依赖子女。

④ **冲突型**：亲子出现明显的冲突，父母攻击子女，子女反击父母。

⑤ **泛爱型**：要么过度保护，对孩子做较多的限制，要么完全赞赏，不论孩子做什么行为，父母要做的只是对孩子予以赞赏，很少对其做出是非评价。

⑥ **亚平等型**：父母在孩子的面前有一定的权威性，同时孩子也有较充分的民主。凡是与子女有关的决定，父母都征求子女的意见。对很多问题，子女可以提出自己的看法，也可以对父母的某些做法提出反面意见。父母和子女的关系基本平等，既有父母子女亲情，又有朋友之间的友谊。但是，在这种关系中父母起主导作用。在所有的亲子关系中，亚平等型是最健康的一种。

你属于哪种类型的呢？

儿童注意力障碍 100 问

89. 家长如何与孩子建立良好的亲子关系?

有人总结出培养良好关系的十大要诀,ADHD 孩子的家长们可以参考,包括:

① 尊重 ADHD 孩子的一些不寻常的地方,把它看成是一种个性。

② 想控制 ADHD 孩子,只会让自己陷于绝望。孩子就是孩子,应该从孩子的角度出发来考虑问题。

③ ADHD 孩子听指令能力较差,家长应该明白孩子到底听进去了多少,而不是自己说了多少。

④ 以身作则。家长应该是孩子学习的榜样,而不是下达命令者。

⑤ ADHD 孩子行为技能落后,但是,很多时候他们的出发点是好的,家长们要善于发现孩子行动背后的动机。

⑥ 耐心,耐心,再耐心,这是成功 ADHD 家长的最重要原则。

⑦ 错了,没有关系,ADHD 孩子也在成长,只是他们付出的代价要多一些。

⑧ "爱" 不可以作为筹码。ADHD 家长对孩子的爱是无条件的,家长可以不接纳孩子的行为,但是,不要因为孩子做得不好而少爱他,不要偏心。记住,爱,永远是无条件的。

家长不仅要从孩子的角度,更要从家庭的角度,从自我的角度,来认识 ADHD 问题,能够从以上建议中提取有力的方法来培养良好的亲子关系。

90. 母亲角色对注意缺陷/多动障碍儿童成长的影响有哪些？

坎伯博士观察到，ADHD儿童在完成一件事的时候，主动与母亲沟通的次数比别的孩子要多。他们和母亲说话比较多，要求得到比较多的帮助。简单地说，他们从和母亲较多的互动、谈话中，要求得到更多的注意和帮助。ADHD儿童的母亲也比其他的母亲给予孩子更多的建议——允许、不允许和自我控制。长此以往，ADHD儿童的母亲会感到压力和疲倦。

后来的研究也发现，在面对母亲时，ADHD儿童比较不听话，负向，不能坚持做一件事情，而母亲给予他们的指令也比较负向，常常不回应孩子。从总体上来说，不管是ADHD儿童还是普通儿童，母亲和孩子之间的冲突都会随着年龄的增长而减少，但是不管是哪个年龄层，ADHD儿童的表现都和普通儿童不一样，相应的，ADHD儿童的母亲和普通的母亲也不一样。所以，虽然家庭中的关系会有所改善，但是似乎还无法完全正常。

91. 父亲角色对注意缺陷/多动障碍儿童成长的影响有哪些？

很多家长都反映，ADHD 儿童在和爸爸一起的时候比较乖。ADHD 儿童和父亲在一起的时候，的确较少有负面行为，而且做事比较专心。

出现这种情况的原因可能是母亲日常和孩子的互动比较多，而相处较多的人，当然冲突就较多。母亲通常用讲道理和感化的方式来对待孩子，希望孩子听话，但是这些方法对于 ADHD 儿童常常失效。相比之下，父亲较少对孩子讲一大堆道理，而是直接对孩子的行为做出反应。

92. 接纳对注意缺陷/多动障碍儿童管教的重要意义是什么？

一般家长要么不接纳孩子的障碍特质，要么对孩子不抱有希望，还有很多家长在得知自己的孩子是 ADHD 儿童时，有强烈的欲望要在短期内治愈他，到处寻医问药，尝试各种各样的治疗方式，希望过几个月就能看到一个全新的面孔。这样的做法都是不正确的，孩子的问题绝非一日两日内形成的，它有遗传的因素，也受到环境的影响，相应的对于症状的干预和治疗也绝非一日之功，它是一个长期的、系统的过程，良好的干预和治疗对于 ADHD 儿童的帮助是比较明显的，而对症状和治疗的不合理的信念只会让家长筋疲力尽，最终陷入绝望的境地。为此，家长最为重要的就是学会接纳，用接纳代替绝望和无助。

明智的家长会接纳自己的孩子，接纳孩子的缺陷，并且认为这是可以改变的，对未来充满希望。

"接纳"，说起来简单，做起来则是非常困难的。不是每个人都能够无条件地接纳自己的孩子，尤其是当孩子不争气、不听话时，"接纳"需要巨大的勇气和毅力，"接纳"要求家长能够彻底根除内心不合理的信念，无条件地去爱自己的孩子。然而，家长有多少能够接纳这一点的？调查发现，绝大多数的 ADHD 儿童的家长认为自己的孩子一无是处，当孩子犯了错误时，他们更多的是给予批评指责而非鼓励引导。如果家长能够做到真正接纳自己孩子的症状，是绝对不会在孩子犯了错误、不听话、做事情拖拉面前变得难以自控、勃然大怒的。

家长如何做到正确地"接纳"孩子？

① 家长不能以一个正常儿童的标准来要求自己的孩子，而应该根据孩子的能力特点，设定适合他的行为标准；

② 当孩子出现各种问题时，首先要克制自己的情绪，努力想一想，"我的孩子和别人不一样，他是一个注意力有问题的儿童，我要有更多的忍耐和帮助"；

③ 要学会看到孩子的进步和优点，由于ADHD儿童问题多多，家长很容易被表面的各种问题所蒙蔽，而忽略孩子的闪光点，因此，家长要让孩子与自身进行比较，努力发现孩子进步的地方，并给予积极的评价。

93. 注意缺陷/多动障碍儿童能够像常人一样取得成功吗？

ADHD儿童也可以取得成功，这是毫无疑问的，历史上很多成功人士，都患有注意缺陷/多动障碍。

比如，乔治·巴顿——美国著名的将军。在第二次世界大战中，他率领第三军团横扫法国进入德国。他阅读不好，在上西点军校之前，他妈妈读书给他听，上学之后，他付费给同学让他们读给他听。有人认为由于他不会阅读所造成的社会情绪问题是他在二战期间受到外伤的原因，但是他的战略才能在历史上无人能及。

迪斯尼·沃尔特·埃利亚斯——美国动画片制作家、演出主持人和电影制片人，以创作卡通人物米老鼠和唐老鸭闻名，他小时候是一个ADHD儿童，学习成绩不好，管不住自己，他继承遗产七年后完全破产。他是一个很有创造力的人，于1928年制作了第一部有声动画片《威利号汽船》，并于1938年制作了第一部长篇动画故事片《白雪公主》，正是他设计的米老鼠改变了美国的娱乐界。

还有一个ADHD儿童，后来成长为一名卓越的人物。她就是奥尔科特·路易萨·梅——美国著名的作家及改革家，以其自传性质的小说《小妇人》而闻名。曾经有编辑告诉她，她永远不会写得很好。后来她写的《小妇人》成了十分流行的书，她也因此被认为是一个伟大的作家。

上述事实说明，ADHD儿童一样可以取得成功，家长应该清楚地认识到这一点，千万不可以打击他、贬低他，应该帮助孩子树立自信。

儿童注意力障碍 100 问

94. 家庭环境对于改变注意缺陷/多动障碍儿童的状况有哪些重要作用？

ADHD 儿童的家长一般都重视改变孩子的态度和习惯，认为孩子对学习任务和严格要求自己认识不当，才是导致现实问题的主要原因，有时咨询者也帮助分析孩子分心的原因。其实，光分析个人的内在因素是不够的，人的行为与环境影响关系很大，作为大脑自我管理机制失控的 ADHD 儿童来说，更加需要一个特殊的教育环境。对于正常儿童来说的环境，对于 ADHD 儿童可能就不合适。如，一个注意力正常的孩子可以在嘈杂的公共汽车站边等候汽车边背单词，可以在嘈杂的麻将桌旁读书，而这个环境对于 ADHD 儿童的学习简直就是不可思议的。选择了适合的环境，管理了环境，就等于管理了 ADHD 儿童。有时，环境的管理比直接的行为管理更加有效。

简单地说，家庭环境可以包括两个方面：家庭物理环境和家庭气氛。前者是指可以看到的家庭环境的设置，如学习的硬件设施、书桌的大小，是否有独立的学习空间，这些物理环境促进或妨碍了孩子的学习。

家庭气氛则是指影响儿童学习的人际环境，包括父母对孩子的关心态度、亲子关系、父母亲的学习表率作用等。家庭物理环境和家庭气氛对儿童学习的影响同等重要。前者直接影响儿童的学习，后者则间接影响学习，主要通过影响儿童的学习动力、学习兴趣等长期地影响学习效果。

95. 注意缺陷/多动障碍儿童需要什么样的家庭物理环境?

有人总结了家庭环境中环境刺激、家庭情态类型、教育方法、阅读文化环境对儿童智力水平和学习能力的发展,发现适当的设置环境刺激、减少比较容易造成分心的因素、培养良好的学习习惯、良好的阅读文化环境、民主的沟通能够大大促进孩子的学习。

ADHD儿童一个非常明显的缺陷是自控能力差,容易受到环境因素的影响。因此,家长为帮助ADHD儿童提高其学习成绩,应该格外注意帮助孩子设置良好的学习环境。而实际上,很多家长并没有注意到这一点,甚至很多家长认为,学习更应该受到孩子内在的驱动,房间乱一点、地脏一点、学习室里放一些其他物品比如游戏机、放音设备是不会对孩子的学习产生很大影响的。其实,这种观念是非常荒谬的,尤其是对于ADHD儿童而言,如果家长不能很好地设置家庭环境,孩子学习的效率将极其低下。

简单地说,应该包括如下几个原则:

① **设置单独的学习空间**。家长必须为孩子设置一个单独的学习室,在学习室里面,除了学习,不能有任何其他的事情可以做。

② **尽量减少无关刺激的干扰**。家长应该尽可能减少那些影响孩子学习的环境刺激。比如当孩子学习时,尽量不要大声喧哗,不要播放音乐和电视,学习室内最好不要放一些与学习无关的物品,比如杂志、贴画、游戏设备等。

学习室应该具备很好的隔音能力,孩子在学习期间,应该尽量减少打扰他的次数。

③ **学习室内物品摆放整洁、一目了然**。这样做的目的是为了让孩子养成一个良好的学习习惯,形成良好的学习意识,不要因为找不到学习物品而分心,不要花费大量的时间和精力去处理和学习无关的问题,能够集中精力学习,即使分心,也能够很快转移到学习上来。书、笔、橡皮擦、尺子都应该放在指定的位置上。

④ **利用环境来促进学习**。因此,应该在学习室中设置一些物品来提醒孩子要做什么,不要做什么。比如,在门上贴一个标签,上面写着"今天的任务有哪些?我还记得吗?""我完成任务了吗?语文老师留作业了吗?"在桌子上贴上"我不能拖拉,我已经花费很长时间了""我怎么又想别的事情了,真不应该",在墙上贴着"语文作业、数学作业、英语作业都完成了吗?""我应该完成作业才能看电视,因为别人都是这么做的。"等等。但是,对于那些问题严重的儿童,光贴标签是不够的,家长可以通过一些声音警示他们。比如闹钟,每过一段时间后,闹钟里面可以出现一个声音,比如"你语文作业做得怎么样"来警示他们。

96. 影响注意缺陷／多动障碍儿童注意力的家庭类型是什么？

学习型家庭是一种新型的家庭形态，家庭给成员提供有效的学习环境，家庭成员对学习有积极的态度，通过个人的学习与彼此的分享学习，以促进家庭生活质量和成员素质不断提高。学习型家庭虽然是学习型组织中最基本的单位，但其内涵却极为丰富。

注意力障碍儿童的家庭往往有以下几种常见的弊病：

① **文化含量缺失症**。在不少家庭里，有的是教科书、参考书、习题集，唯独没有课外读物；有孩子读的书，却没有父母看的书。在这些家长看来，语文、数学课本是正书，其他都是"闲书"。可见一些家庭的文化含量还有待提高。

② **共同时间缺乏症**。当今社会，竞争加剧，生活节奏加快。那些只顾忙着挣钱、忙着官场追逐、忙着应酬的为人父母者，舍不得将时间花在孩子身上，甚至在一个星期里从来没有与孩子一起学习，一起活动。没有共同时间，便无法倾听孩子的心声，无法了解孩子的心理需求，更不会欣赏孩子成长的脚步，当然也无法随时拨正孩子前进的方向。

③ **情感支持缺失症**。现代家庭中父母对于子女成材的期望是可以理解的，但如果把这种期望局限在"分数"上，那么这种期望是片面的。如果父母抛弃自身的发展，把全家的"宝"押在孩子一人身上，孩子稚嫩的肩膀是难以承受的。父母与孩子都应该有自己的发展空间和人生愿景。

儿童注意力障碍 100 问

97. 如何塑造促进注意缺陷/多动障碍儿童注意力的学习型家庭？

要想塑造促进注意缺陷/多动障碍儿童注意力的学习型家庭，需要做到以下几点。

① **改变角色：从教育者到共同学习者转变**。父母和孩子之间应形成互学互助的关系，减少孩子对父母的信赖，家长要信任孩子，相信他们有自我管理的能力，只不过少一些而已。家长要善于向孩子学习，鼓励孩子学会自我决策，教育孩子成为一个自立的人。

② **教育途径：从单向到双向互动转变**。ADHD 家长往往是单向的教育，声音是单方面的，家长包办一切，家长上演独角戏，一个人唠唠叨叨，孩子被动接受，表现为"我说你听、我训你忍、我打你挨"单向型的沟通方式。而学习型家庭从孩子的发展和家庭的发展两个维度出发，使家长和孩子在互动中一起成长，学习型家庭是共同成长的土壤。父母爱孩子，孩子应懂得爱的反馈；父母教育孩子，更要向孩子学习；父母与子女沟通，作为子女不仅有"听父母说"的权利，更有表达自己想法的自由。家长要善于倾听，善于观察，尊重孩子的权利和自由选择，协商与讨论，让孩子充分表达自己的意见，让孩子参与自身的管理和教育过程。

③ **人格教育与自尊教育**。根据马斯洛的需要层次理论，个体只有在满足了基本的情感、生理、自尊、归属的低级需要之后，才能很好地发展学习、

97. 如何塑造促进注意缺陷/多动障碍儿童注意力的学习型家庭？

求知、探索、自我实现的高级需要，在传统的家庭中，ADHD 儿童的表现总是不能得到家长和老师的认同，他们的表现被认为是糟糕的，经常受到指责和批评，他们很难发展出良好的人际关系，根本就不可能好好学习。在学习型家庭里，父母更加民主，更多地与孩子进行情感上的沟通，相互尊重，相互理解，给孩子不仅是学习上的支持，更多的是情感上的支持。对于具有自我管理缺陷的 ADHD 孩子来说，压力和低自尊是在所难免的。其实，在学习型的家庭中，家长要改变对分数的过分重视，眼界要更加开阔一些，要更加关注孩子能力的提高、积极情绪的培养、人格力量和自尊心的培养。

98. 如何通过学习方式提高注意缺陷/多动障碍儿童的学习成绩?

对于 ADHD 儿童来说,由于他们内在的不兴奋,他们时时刻刻需要寻求刺激,以维持其兴奋。他们注意保持的时间比普通人短,尤其是当他们遇到枯燥乏味的事情时,则不可能很长时间集中注意力。如果学习任务缺乏新颖性和挑战性,那么这些孩子的学习效率就可想而知了。

美国学者巴克利的一个研究发现,当让 ADHD 儿童完成枯燥乏味、没有挑战性的任务时,他们的成绩要比正常儿童差很多。但是,如果让他们完成那些有意思的、有挑战性的、能够得到及时强化的任务时,他们的学习成绩则和正常儿童没有差异。巴克利认为,教师和家长在给 ADHD 儿童设置作业任务时,应该增加刺激、乐趣和新颖度,而且在奖励方面,与其当他完成任务后再给予鼓励,不如在他完成中不断地给予奖励和反馈。在完成长而复杂的作业时,应该把作业分成一个一个小块来完成,让孩子在完成作业的过程中不断得到满足。

如何让学习变得有意思呢?

① **学习形式的多样性,题型的多样性**。可以采取听课、看教学录像、计算机辅助教学、教学试验的方式来学习,题型要新颖,有创意,要不断变化,比如口答题、填空、辨析、判断、选择、猜词游戏等题型交错出现。

② **在选择学习材料时**,要注意趣味性和多样性。比如在阅读材料的选择

98. 如何通过学习方式提高注意缺陷／多动障碍儿童的学习成绩？

上，可以选择卡通、童话、小说、短文，带图的、短篇的、系列的等。

③ **把一些枯燥的学习任务设计成为学习游戏**。比如识字游戏、背单词游戏。

④ **将多种感官通道结合起来学习**。比如听单词、听故事，模仿课文中人物的表情和言语，与父母进行角色扮演游戏等。

99. 如何通过学习游戏化改进注意缺陷/多动障碍儿童的注意力？

游戏是儿童喜欢的活动，ADHD 儿童比一般儿童更加喜欢游戏，因此可以将枯燥的学习游戏化，促进注意力的集中。要遵循如下原则：

① 学习游戏化的目的是为了学习，而不是为了游戏，因此，在设计游戏活动的过程中，一定要很好地结合学习内容。

② 游戏的形式不能太简单，也不能太难，避免儿童对游戏没有兴趣，或者在游戏中耗费过多的能量，影响学习效果。

③ 游戏的形式要多样性，一种游戏不能一直被采纳，应该隔一段时间换一种学习游戏，避免孩子渐渐失去兴趣。

④ 学习游戏的时间不能太长，学习游戏应该和常规学习结合起来。

 家长如何为注意缺陷/多动障碍儿童选择一个适合的学校环境?

① **选择一个好的老师**。优秀的老师在 ADHD 儿童的成长过程中发挥着极为重要的作用。可惜,很多老师对于 ADHD 的本质、成因、症状并不了解,甚至不承认 ADHD 的存在,往往采取一些错误的教育方式。如果你发现孩子的老师对于 ADHD 一无所知,良好的沟通,甚至更换老师都是必要的。

② **如果老师了解 ADHD 的知识,还要看他是否掌握矫正 ADHD 儿童的行为改变的技术**。一个老师接受的训练、价值观、个人经验和对教育过程的看法,会影响她是否愿意采纳一个长期的、系统的行为矫正计划。那些放任式教学的老师,通常不会采取系统周密的行为矫正技术来改变 ADHD 儿童的行为,他们会觉得这些方式过于机械化,不足以培养孩子自发性的学习动机,而且,长期的行为矫正计划需要有足够的耐心和信心,并非每个老师都能够胜任。

③ **当家长与老师的观念不同,或者说老师的某些观念不适合孩子成长时,一定要持积极的态度**。

④ **与其选择优质学校、优质班不如选择普通学校的小班教育**。优质学校或重点学校往往学生人数较多,教学管理和教师压力都很大,不一定适合 ADHD 儿童,因此家长不可怀有从众心理,选择所谓的名校,而是应该选择一所适合孩子成长的学校,适合的就是好学校。要找有爱心、有耐心的班主

任，回避易发火、文化素质低的老师。

⑤ **加强沟通**。家长和老师以及儿童问题专家之间能够进行良好的合作是非常重要的。当家长发现有一位老师对你的孩子很敏锐、用心，请表达赞美和你的感激之情，尽你的能力协助他，并敞开心扉接收老师的意见，对学校表达感谢。这样做会增进你和老师的关系，会促进老师满足你孩子特别的意愿，会让老师有动力和信心来处理你孩子的问题。

⑥ **座位的安排**。教室环境应该尽量减少能够引起 ADHD 儿童分心的刺激，让他们把更多的注意力集中到老师身上。另外，家长也可以要求老师将这些问题儿童放在最前面，或者最靠近老师讲课的位置，以便随时监控。另外，封闭性的教室，由于不容易受到外部噪音的干扰，更适合 ADHD 儿童。

总之，要想让 ADHD 儿童在学校取得成功，家长应该善于与老师和学校沟通，应该选择一个更加适合 ADHD 儿童的学习环境。

101. 注意缺陷/多动障碍儿童是否更容易网络成瘾？

调查显示，我国青少年"网络成瘾症"发病率高达15%。网络成瘾症也称病理性网络使用，主要表现为：对网络有心理依赖感，不断增加上网时间；从上网行为中获得愉快和满足，下网后感觉不快；在个人现实生活中花很少的时间参与社会活动和与他人交往；以上网来逃避现实生活中的烦恼与情绪问题；倾向于否定过度上网给自己的学习、工作和生活造成的损害。专家指出，过度使用网络常常会导致青少年出现情绪障碍和社会适应困难。在心理方面，会出现注意力不能集中和持久，记忆力减退，对其他活动缺乏兴趣，为人冷漠，缺乏时间感，情绪低落。在躯体方面，停止上网时会出现失眠、头痛、注意力不集中、消化不良、恶心、厌食、体重下降等症状。在行为方面，会出现品行障碍，产生攻击性行为。

心理学家对那些成瘾的青少年进行调查访谈发现，这些青少年的一个最典型的特点是自控能力差。我们知道，"自控能力差"正是ADHD儿童的一个核心特征，美国一个20世纪80年代的研究发现，由于ADHD儿童自控能力落后，他们更容易吸毒、酒精上瘾、游戏成瘾、药物依赖。著名心理学家巴克利进一步调查了那些玩过网络游戏的ADHD儿童，发现他们几乎全部都迷恋上了网络游戏，网络成瘾率将近100%！ADHD儿童更加容易网络成瘾，更喜欢玩电脑游戏，而且是一发不可收拾。

102. 如何预防注意缺陷/多动障碍儿童网络成瘾问题的产生？

ADHD 儿童的家长要重视网络成瘾这个问题，必须做到：

① 爱与沟通。缺乏关爱、缺少交流、生活空虚以及家庭暴力都是青少年网络成瘾的诱因。

② 培养多种兴趣，一个人的兴趣和爱好多了，吸引他的活动丰富了，网络的诱惑就会变小，孩子能从打篮球、航模、绘画等各种娱乐活动中发现乐趣，就不易网络成瘾。

③ 人际关系的培养，要让孩子多与小朋友接触，学会同情与理解别人，控制交往中的冲动，当孩子能获得友谊和别人的关怀时，就不易从虚幻的网络世界中得到满足。

④ 监控孩子的行为，ADHD 儿童的家长要格外关心孩子的课外活动，掌控其零花钱的数量和用途，知道孩子课外活动都去什么地方了，如果发现孩子不能按时回家，就要主动核实孩子的去向，不要轻信孩子的说法。

⑤ 防止孩子交友不慎，及时知道孩子与什么人一起玩，如果发现孩子接触网络成瘾的人，一定要及时提醒，甚至进行干预。

103. 如何矫正注意缺陷/多动障碍儿童网络成瘾问题？

要想矫正注意缺陷/多动障碍儿童网络成瘾的问题，家长需要做到以下几点。

① **时间控制**。要严格合理地控制上网时间。周末每天不超过2小时，而且必须在完成作业后。平时绝对不能有任何理由上网。

② **减少玩的时间**。对于网络成瘾的孩子，让他们一下断绝游戏是不现实的，家长的目标是减少游戏时间。可以约法三章。在答应让孩子上网之前，一定要有一个书面的约定。比如不能去网吧玩游戏，否则取消一切玩游戏的特权，不能因为游戏而延误学习任务。每天玩游戏的时间不超过1小时，每周不能超过3次，一旦约法三章后，家长还要督促孩子认真遵守，切不可以任何理由或者心慈手软更改条约。

③ **远离不良游戏**。很多电脑游戏中充满着暴力、色情等不健康内容，由于孩子尚缺乏辨别力，很容易被这些不健康内容所影响，价值观、人生观发生改变。因此，家长对孩子玩的游戏内容应该明确监控。

104. 药物可能有效治疗注意缺陷/多动障碍吗?

目前,对于使用药物治疗 ADHD,在国内外还存在很大的争议。药物治疗的支持者认为给 ADHD 儿童服用的"利他林"等兴奋剂药物是有效和绝对安全的。据研究表明,有 70%~90% 服用兴奋剂的儿童,在注意力缺失的主要症状方面获得改善。尤其明显的是注意力更集中了,干扰他人、不恰当的行为也都减少了。不过,也有研究发现药物治疗的作用仅限于治疗期间,停止药物后便无法证明对儿童有何积极的改变。此外,家长和健康专家也担心长期服用兴奋剂类的药物会对儿童的成长发育有不利的影响。美国著名 ADHD 儿童专家文森特认为,只要在对儿童进行的诊断过程中保证严谨、客观,经过完整的评估,适当调整药物用量,那么药物治疗就会起到积极的作用,并且能够将副作用降到最低。

目前,ADHD 儿童服用的最普遍的药物有利他林(methylphenidate)、右旋安非他命(Dexedrine)和匹莫林(pemoline)。由于咖啡因也是一种兴奋剂,在很多饮料和食物中含有,如咖啡、茶等,所以有些家长会问食用这些东西会有帮助吗?但是,研究表明,咖啡因没有效果,只有利他林等药物的效果得到了证实。

105. 药物治疗注意缺陷/多动障碍的原理是什么?

从生物学上说，兴奋剂之所以如此命名，是因为它能增加脑部活动。有人觉得 ADHD 儿童的一个重要特点就是活动过度，给他吃兴奋剂，不是反而刺激了他，导致他的活动程度增加了吗？实际上，ADHD 儿童之所以活动过度，不是因为大脑兴奋过度，恰恰是大脑的抑制区域的功能活动不足所导致的，抑制区域的功能是抑制儿童的行为过度，提高自控能力，这个区域受损，会明显出现注意力问题症状，兴奋剂的功能就是要提高这个区域的活动水平，从而提高抑制功能。人的大脑处理信息的方式，是以神经细胞产生的化学物质为基础，而兴奋剂主要是增加这些天然的化学物质的量（神经递质）。神经递质类似于信使的作用，将神经冲动进行传递。尽管目前人们对于兴奋剂具体增加了哪些神经递质的作用还不是十分清楚，但是，研究者也很清楚，在人体大脑的前额叶部分主要有两种神经递质：多巴胺和肾上腺素。如前所述，这两种递质的作用减弱有可能是 ADHD 发病的原因。由此也可以推断兴奋剂的功能在于促进了多巴胺和肾上腺素的作用。

儿童注意力障碍 100 问

106. 药物治疗对有些儿童效果不理想是什么原因?

尽管大量的研究结果都表明,70%～90% 的 ADHD 儿童经过药物治疗后,行为得到了改善,但是,仍然有少部分儿童经过治疗,行为没有改善,甚至更加糟糕,这是为什么呢?我们可以从多方面考虑原因。

(1)诊断不准确

药物治疗首先要建立在正确诊断的基础上,如果诊断不准确,误将性格问题或者只是顽皮的儿童当作 ADHD 儿童进行治疗,效果当然不理想,甚至可能会起到相反的作用。此外,我们前面提到过,大部分 ADHD 患者大脑前额叶表现不活跃,对于这类患者兴奋剂类的药物会起到很好的作用。但是近年来研究者采用单光子发射计算机断层显像技术发现,约有 15% 的 ADHD 患者大脑皮层没有表现出这种不活跃,有的还表现出极高的活跃性,因此对于这类患者来说药物治疗基本不管用。目前,对于这种类型的 ADHD 患者在药物治疗方面还有待进一步的研究。

另外,尽管大脑功能失调是重要原因,但是仍然有少部分儿童的多动症状是由于家庭等环境原因造成的,对于这些儿童而言,药物治疗的效果可能不太好。因此,家长不要盲目相信药物的功效,应该从多种角度发现和解决问题。

106. 药物治疗对有些儿童效果不理想是什么原因？

（2）用药不正规

由于对药物的性质、作用了解得不够，担心药物的副作用，所以服药不按时，或者没有经过医生的批准擅自中断服药，这时治疗的效果也会受到很大影响。

（3）用药剂量不当

对 ADHD 儿童的药物治疗不同于一般的疾病治疗，同一年龄组用药剂量也不完全相同。由于每个 ADHD 儿童对药物的耐受性不同，所以药量要因人而异，有的儿童小剂量的药物就能达到治疗目的，而有的儿童需要大剂量才能达到治疗效果。

儿童注意力障碍 100 问

107. 药物治疗能起到哪些积极作用？

美国医生迈克拉姆是 ADHD 方面的专家，他在长期的研究与实践中，常常跟老师和家长打交道，积累了大量 ADHD 方面的知识。他认为药物的重要功能是提高儿童的自尊，他说："药物或者我们使用的其他干预目标不仅仅是帮助某人在学业上获得成功，目标首先是提高自尊，如果药物帮助某人在课堂里表现得更好，他的自我感觉就会更好。重要的不仅仅是成绩单上的分数，而是一个人在他全年结束之后对自己的感觉。ADHD 最大的害处就是对自尊的影响。我们给孩子吃药不仅仅是帮助他们表现得更好，尽管这也是一个希望得到的结果，而且是一个重要的提高自尊的因素。与此同时，除了药物之外，还有很多其他的方法，有人际关系干预和行为干预。即使你使用药物，你还是需要一个爱你和尊重你的人，还有表扬你、给你心理支持的人，这对于整体自尊是非常重要的。"

ADHD 专家巴克利则从情绪行为、学业能力和社会能力等角度进一步阐述了药物的功效。在行为情绪方面，兴奋剂毫无疑问可以帮助 ADHD 儿童持续专注于正在做的事情，同时降低活动量。许多 ADHD 儿童服用药物之后，行为变得和正常孩子一样。大部分的 ADHD 儿童服用药物之后，变得比较不冲动、较少攻击性、较少出现不顺从和干扰的行为。在学习和课业成绩方面，曾经有大量研究想了解兴奋剂对孩子的智力、记忆、专注和学习有何影响。研究显示，兴奋剂可以改善儿童的专注时间、冲动控制、精细动作的协

107. 药物治疗能起到哪些积极作用?

调和反应时间,甚至有些儿童的短时记忆也得到了提高。在做作业时,药物帮助儿童提高作业的组织性和作业效率,如前所述,药物虽不能直接提高孩子的智力水平、语言能力,但是可以通过其他方面来间接提高孩子的学习成绩。一般来说,药物对儿童帮助最大的时候往往都是那些需要控制自己行为的情境,学校就是这样一个地方。也许,有些家长认为,一旦停止服药,孩子在服药期间所学习的东西会不会立刻遗忘?研究表明,这种现象很少发生,就算发生了,也只是轻度遗忘。在社会行为方面,研究表明,兴奋剂可以降低儿童紧张的程度,以及改善 ADHD 儿童与父母、老师、其他长辈、同伴的沟通,提高其社会互动能力。兴奋剂可以提高儿童遵守规则的能力,以及持续遵守规则的时间,可以让孩子提高作业的效率,以减少家长的督导和责备,从而改善家庭关系。由于行为的改善,ADHD 得到别人的认同和赞美的概率增加了,但是,有一点需要注意的是,如果服药过度,儿童的行为有可能不但得不到改善,反而会恶化。

儿童注意力障碍 100 问

108. 药物治疗的副作用有哪些？

像很多其他药物一样，服用兴奋剂类药物也会出现不同程度的副作用，但是总体上而言，并不严重。一般来说，孩子服用兴奋剂后，出现的不适现象在 24 小时左右都会消失。副作用的产生和剂量有关，剂量越高，副作用越大，但是，根据估计，大约有 1% ~ 3% 的儿童不能接受任何剂量的兴奋剂。

研究表明，虽然很多儿童服用药物后会出现一些不适应的症状，但是，很多症状实际上并不是服用药物所导致的，而是安慰剂效应，只有极少数儿童真正因为服用药物导致轻度的不适，比如食欲减退、不安、容易发怒、抑郁。但是，在服用药物之前，医生是很难预测哪些儿童服用药物后会出现副作用的。

在国内的兴奋剂利他林的标签上明确注明了服用后可能出现的副作用。

（1）食欲减退

所有的兴奋剂好像都会让孩子的胃口暂时变差，尤其是在中午前后，老师也常常反映，服用药物的孩子在学校午餐时，胃口会不好，但是，等到晚餐时，则完全正常，甚至胃口大开。因此，当孩子在接受药物治疗时，家长一定要注意补充孩子的营养，避免孩子营养失调的现象。

（2）心跳加快、血压升高

如果孩子服用药物后，出现轻度的心跳加快、血压升高，不必担心，因为，他很快就可以恢复正常，但是，如果孩子本来心率就偏高、血压也偏高，

108. 药物治疗的副作用有哪些？

那么，服用药物就要慎重考虑了。

（3）脑部活动增加

脑部活动需要通过脑电图（EEG）来测查，结果表明，服用药物后，孩子的 EEG 活动明显增加，这是很容易理解的，ADHD 儿童的前额叶活动水平偏低是导致其问题的原因，服用药物后，目的就是要提高其活动水平，因此，没有必要为此担心。

（4）抽动

ADHD 不等于抽动症，切不可将此二者混为一谈。很多家长会发现兴奋剂的另外一个副作用，就是当孩子服药后，脸部或者身体其他部位会不自主地抽动。面部的动作包括眨眼、做鬼脸等，发出声音的包括吸鼻子、清喉咙、发出尖尖的怪叫声等。在比较极端的情况下，会出现类似于抽动症的症状。实际上，10% 的 ADHD 儿童有这样的问题，轻度的抽动症状是没有什么大碍的，有半数以上的儿童因为服药而加重这种现象。停药一周后，问题会得到改善。

有研究者发现，15% 的 ADHD 儿童在服用药物后，出现原来没有的抽动症状。停药一周后，症状消失了，但机制仍然不明确。

因此，医生建议在服用药物治疗 ADHD 之前，一定要询问孩子是否有抽动症的病史，若有，则剂量一定要少，或者不采用药物治疗，而采用其他的替代性疗法。如果服用药物后出现严重的抽动症状，则应马上停止服药，等一周之后症状减退了，再考虑服药。当一种药物的效果不好时，应该考虑尝试新的药物，如抗抑郁类药物的治疗。

（5）短暂性"反常"

所有高剂量的兴奋剂，都有可能会带来一些暂时性心理行为方面的改变，比如思绪不清、讲话很快、恍惚、非常焦虑、对声音极度敏感，但药效一过，很快会恢复正常。当药物低剂量时，很少有这样的行为产生。兴奋剂的使用在美国已经有 40 多年的历史了，还没有研究者发现兴奋剂的使用对儿童产生了长期的不可恢复的伤害，那些早年长期接受药物治疗的儿童如今都已经长大成人，他们像正常人一样学习和生活，他们没有受到药物的危害，更多的人是从中获益。甚至就连那些极为反对药物治疗的人也没有找到确实的证据来证明药物治疗会对 ADHD 儿童产生长期的伤害，美国药品管理监督局的数据也不支持药物治疗对 ADHD 儿童有长期的副作用的结论，当然，这是在正确地、适当地服用药物的前提下。因此，只要服药得当，药物治疗是比较安全的。

109. 如何判断注意缺陷/多动障碍儿童是否需要服药？

"我的孩子有必要服药吗？"很多家长来咨询时，都会有这样的疑问。什么年龄的孩子适合服药？什么样的孩子不适合服药？在什么情况下需要服药？这些都是家长非常关心的问题，下面，就让我们来具体分析一下。

在做出服药的决定之前，你必须要与医生进行充分的沟通。在服用药物之后，你要通过敏锐的观察来判断服药是否可靠。然而，还没有非常严格的标准来判断什么样的孩子需要服药，什么样的孩子可以通过非药物的方法来矫正，目前，最直接的办法是根据孩子注意力缺失的程度来判定是否服用药物。一般来说，问题越严重，服药的效果越好，轻度问题的儿童服药效果不明显。这也是大量临床医生所遵循的简单原则，故当孩子的问题不是非常严重时，尽量不要服用药物，可以采取其他方法加以矫正。

另外，有研究者指出，亲子关系的品质会影响药物的效果，亲子关系好，则服用药物好，改善会比较明显，反之，效果会降低，这可能是因为父母的积极期望所致，父母对孩子服药后更多地给予积极的反馈，这也促进了孩子的成长。

（1）进行药物治疗时须考虑的因素

基本上，在判断一个ADHD儿童是否有必要进行药物治疗时，应该考虑以下因素。

① 单纯注意力缺陷（ADD）而没有多动、冲动症状的儿童，对于药物的敏感程度较低，服药的效果不是太好。他们中只有 55%~65% 的儿童服药有效果，而且效果不如多动/冲动型儿童效果显著。相对于这些儿童而言，剂量也要减少。

② 当患儿伴有智力缺陷，但不是严重的智力迟缓时，服药会比较有效果。研究表明，对于 IQ 高于 45 的儿童，服用药物的效果比较好。

③ 伴有广泛性发育障碍，如自闭症的儿童，对于药物较不敏感，服药的效果不好。

④ 因为脑外伤所导致的 ADHD 症状，服药后，改善不明显。

⑤ 淘气、不良行为习惯等品行问题，不适合药物治疗。

（2）接受药物治疗的原则

作为患儿的家长，有一点必须要很清楚，就是并非所有的 ADHD 儿童都适合接受药物治疗。当你的孩子被诊断为 ADHD 时，是否接受药物治疗应该基于以下原则：

① 对于孩子的评估是否准确，是否有足够的生理和心理评估？在孩子服药之前，一定要进行完全的检查，避免误诊。

② 孩子的年龄是一个考虑的因素，当孩子年龄小于 4 岁时，不适合服药。而且，即便服药，效果也不明显。

③ 是否尝试过其他治疗方法。如果是第一次来诊断，并且没有做过任何训练矫正，应该先考虑其他方法的可行性，比如父母教养技巧的训练、认知矫正训练、情绪管理训练、人际技能训练等，当其他方法都不见效果时，可以考虑药物治疗。

④ 孩子目前的问题是否足够严重。当孩子的问题极其严重，根本不能适应学校、家庭生活时，药物疗法可以解燃眉之急，等到症状减轻时，可适当减少剂量，同时考虑其他替代性疗法综合干预。

⑤ 是否能够承担起药物治疗的费用。由于药物治疗是一个长期的过程，

109. 如何判断注意缺陷/多动障碍儿童是否需要服药?

如果中途突然中断,效果会受影响,家长在实施药物治疗之前,应该考虑费用问题。

⑥ 能否做到监督服药,切忌用药过量。

⑦ 是否能够配合医生进行药物治疗?如果你对于药物治疗不是很有把握,甚至反对,尽管医生推荐采纳药物治疗,作为家长,你未必能做到坚持药物治疗。

⑧ 你的孩子是否伴有其他精神疾病?比如自闭症、抑郁症、抽动症等,不适合药物治疗。

⑨ 如果孩子常常表现出焦虑、胆怯、退缩甚至抑郁,抱怨自己有问题等症状,建议采纳抗抑郁类药物。

⑩ 孩子服药的感觉如何?孩子是否接纳药物治疗?周围环境会不会给孩子服药造成心理阴影?服药后,孩子的心理反应会不会很强烈?当孩子对于服药的感觉很差时,应该考虑其他疗法。

根据以上原则,家长可以判断自己的孩子是否适合接受药物治疗,但是,家长不能期待仅仅通过药物治疗便可一劳永逸,在进行药物治疗的同时,应该结合其他认知训练、行为矫正等方法。

另外,一个关于服药的重要问题是:"一旦我的孩子接受药物治疗后,是不是要一直坚持下去?停止服药后,他的症状会不会又回到从前的状态。"实际上,对于这个问题,也没有明确的解答,大约有20%的儿童在服药一年后,便停止服药了,多数孩子的症状较轻,虽没有完全康复,也停止服药了。有的孩子虽然症状仍然严重,但是,由于遇到好的家庭教师,好的学校,好的家庭教育,也停止服药了。也有的孩子在停止服药后,由于压力的增加,再度服药。一般而言,孩子在放假期间,由于学校压力的减少,可以停止服药,在开学的前2周,为了适应学校环境,给老师一个好的印象,可以服药。